KB101295

아르키메데스가 들려주는 다면체 이야기

수학자가 들려주는 수학 이야기 12

아르키메데스가 들려주는 다면체 이야기

ⓒ 권현직, 2008

초판 1쇄 발행일 | 2008년 3월 20일
초판 29쇄 발행일 | 2022년 4월 29일

지은이 | 권현직
펴낸이 | 정은영

펴낸곳 | (주)자음과모음
출판등록 | 2001년 11월 28일 제2001-000259호
주소 | 10881 경기도 파주시 회동길 325-20
전화 | 편집부 (02)324-2347, 경영지원부 (02)325-6047
팩스 | 편집부 (02)324-2348, 경영지원부 (02)2648-1311
e-mail | jamoteen@jamobook.com

ISBN 978-89-544-1553-8 (04410)

아르키메데스가 들려주는

다면체 이야기

| 권 현 직 지음 |

㈜자음과모음

수학자라는 거인의 어깨 위에서
보다 멀리, 보다 넓게 바라보는 수학의 세계!

수학 교과서는 대개 '결과'로서의 수학을 연역적으로 제시하는 경향이 강하기 때문에 학생들은 수학이 끊임없이 진화해 왔다는 생각을 하기 어렵습니다. 그렇지만 수학의 역사는 하나의 문제가 등장하고 그에 대해 많은 수학자들이 고심하고 이를 해결하는 가운데 새로운 아이디어가 출현해 온 역동적인 과정입니다.

〈수학자가 들려주는 수학 이야기〉는 수학 주제들의 발생 과정을 수학자들의 목소리를 통해 친근하게 이야기 형식으로 들려주기 때문에 학생들이 수학을 '과거 완료형'이 아닌 '현재 진행형'으로 인식하는 데 도움이 될 것입니다.

학생들이 수학을 어려워하는 요인 중의 하나는 '추상성'이 강한 수학적 사고의 특성과 '구체성'을 선호하는 학생의 사고의 특성 사이의 괴리입니다. 이런 괴리를 줄이기 위해서 수학의 추상성을 희석시키고 수학 개념과 원리의 설명에 구체성을 부여하는 것이 필요한데, 〈수학자가 들려주는 수학 이야기〉는 수학 교과서의 내용을 생동감 있게 재구성함으로써 추상적인 수학을 구체성을 갖는 수학으로 변모시키고 있습니다. 또한 중간중간에 곁들여진 수학자들의 에피소드는 자칫 무료해지기 쉬운 수학 공부에 있어 윤활유 역할을 할 수 있을 것입니다.

〈수학자가 들려주는 수학 이야기〉의 구성을 보면 우선 수학자의 업적을 개략적으로 소개하고, 6~9개의 강의를 통해 수학 내적 세계와 외적 세계, 교실 안과 밖을 넘나들며 수학 개념과 원리들을 소개한 후 마지막으로 강의에서 다룬 내용들을 정리합니다. 이런 책의 흐름을 따라 읽다 보면 각 시리즈가 다루고 있는 주제에 대한 전체적이고 통합적인 이해가 가능하도록 구성되어 있습니다.

〈수학자가 들려주는 수학 이야기〉는 학교 수학 교과 과정과 긴밀하게 맞물려 있으며, 전체 시리즈를 통해 학교 수학의 많은 내용들을 다룹니다. 예를 들어《라이프니츠가 들려주는 기수법 이야기》는 수가 만들어진 배경, 원시적인 기수법에서 위치적 기수법으로의 발전 과정, 0의 출현, 라이프니츠의 이진법에 이르기까지를 다루고 있는데, 이는 중학교 1학년의 기수법의 내용을 충실히 반영합니다. 따라서 〈수학자가 들려주는 수학 이야기〉를 학교 수학 공부와 병행하면서 읽는다면 교과서 내용의 소화 흡수를 도울 수 있는 효소 역할을 할 수 있을 것입니다.

뉴턴이 'On the shoulders of giants'라는 표현을 썼던 것처럼, 수학자라는 거인의 어깨 위에서는 보다 멀리, 넓게 바라볼 수 있습니다. 학생들이 〈수학자가 들려주는 수학 이야기〉를 읽으면서 각 수학자들의 어깨 위에서 보다 수월하게 수학의 세계를 내다보는 기회를 갖기 바랍니다.

홍익대학교 수학교육과 교수 | 《수학 콘서트》 저자 **박 경 미**

세상 진리를 수학으로 꿰뚫어 보는 맛
그 맛을 경험시켜 주는 '다면체' 이야기

"수학 중에서 가장 어렵고 골치 아픈 분야는 무엇이죠?"

이 질문에 대해 많은 학생들은 이미 충분히 경험해 알고 있다는 듯 머뭇거림 없이 '도형'이라는 답을 내놓습니다. '수학을 잘하려면 문제를 많이 풀어 보라고 하는데, 도형은 문제를 풀면 풀수록 쉬워지기는커녕 점점 어려워진다'고들 합니다.

도형은 계산보다는 보조선을 그리거나 주어진 도형을 자르고, 붙이고, 회전하고, 이동시켜 그때그때 변하는 모양에 원리를 적용해야 하기 때문에 어려운 것입니다. 특히 평면도형이 아니라 입체도형이라면 더더욱 그러합니다.

그렇다면 도형에 대해 잘 알기 위해서는 어떻게 해야 할까요? 답은 간단합니다. 많이 그려 보고, 많이 만들어 보고, 많이 관찰해 보는 것입니다.

정십이면체와 정이십면체를 직접 본 적이 있나요?

간단한 도형 중 하나인 오각기둥이나 육각기둥을 만들어 본 적이 있나요?

이런 질문을 받았을 때 쉽게 답을 하지 못하거나 그런 적이 없다면 입체도형에 대해 잘 알기는 어렵습니다.

　정이십면체를 직접 만들어 보세요. 우선 전개도를 그려야 하니 자료를 찾아보고, 종이에 그려 가위로 오린 후 테이프로 붙인 다음 책상 위에 올려놓고 관찰해 보세요. 어느새 정이십면체가 가진 아름다움에 푹 빠질 것입니다.

　정오각기둥, 정육각기둥, 정칠각기둥, 정팔각기둥, 정구각기둥, ……. 이것들을 하나하나 만들어 보세요. 그러다 보면 다면체에서 꼭짓점과 모서리 사이에 숨겨진 관계를 알 수 있고, 눈에 보이지 않는 뒷모습이나 잘린 모양, 붙여 만들어지는 모양 등이 떠오를 것입니다. 그리고 왜 정칠각형이 그리기 어려운지도 알게 될 것입니다.

　인류 역사상 가장 위대한 수학자 중 한 사람으로 꼽히는 아르키메데스는 죽는 순간까지 도형을 그렸고, 자신이 죽으면 묘비에 입체도형의 그림을 그려 달라고 했던 수학자입니다.

　이 책을 통해 입체도형, 그중에서도 가장 다가가기 쉬운 다면체가 가진 아름다움을 알려 주고 싶었습니다. 도형에 대해 잘 알려면 도형의 매력에 빠져 보는 것이 먼저이기 때문입니다.

2008년 3월　권현직

차례

 이 책은 달라요

  《아르키메데스가 들려주는 다면체 이야기》는 고대 그리스의 수학자인 아르키메데스가 모두 아홉 번의 수업을 통해 다면체의 다양한 모습과 그 속에 숨겨진 원리에 대해 알려줍니다.

  각기둥, 각뿔의 형태와 수학적인 정의, 입체도형의 부피 등 초등학교, 중학교에서 다루는 수학 내용을 아르키메데스의 강의를 통해 담아냈습니다. 또한 각뿔이 되는 모양과 그렇지 않은 모양, 뿔의 부피가 기둥 부피의 $\frac{1}{3}$이 되는 이유 등 자칫 소홀하게 넘어가거나 증명 없이 받아들이는 내용들을 실었습니다.

  우리 주변에서 찾을 수 있는 다면체로부터 다면체를 구성하고 있는 요소들을 살펴보고, 다면체를 직접 만드는 데 필요한 전개도를 그리는 방법을 살펴봅니다. 또한 정다면체와 거기에 담긴 역사적 사실들, 정다면체를 잘라서 만든 아르키메데스의 다면체 등 교과 과정을 넘어 꼭 알고 있어야 할 다면체들을 소개하고, 정삼각형들만 이어 붙여 만드는 다면체, 정다각형을 이어 붙여 만드는 다면체 등 다양한 모양의 다면체 만

드는 방법을 함께 소개합니다.

초등학교, 중학교 과정에 등장하는 입체도형에 관한 내용뿐 아니라 입체도형에 대한 심화 탐구 학습이 될 수 있도록 구성하였습니다.

2 이런 점이 좋아요

1 초등학교, 중학교 학생들이 어려워하는 다면체에 대해 수학에서 요구하는 엄밀한 정의와 원리를 다양한 예와 에피소드를 적절히 곁들여 가면서 보다 쉽고 재미있게 접근할 수 있도록 해 줍니다.

2 다면체를 그림으로만 보지 않고 직접 만들어 볼 수 있도록 전개도의 모양과, 다면체가 만들어지는 방법에 대해 자세히 소개하고 있습니다.

3 뿔의 부피, 정다면체를 잘라 만드는 준정다면체, 정삼각형만으로 만들어지는 델타다면체, 엇각기둥 등 다양한 모양의 다면체를 내용의

나열이나 확장이 아닌, 사고의 확장과 발견으로 풀어 나감으로써 다면체에 대한 깊이 있고 다양한 심화 학습을 할 수 있게 해 줍니다.

아르키메데스가 들려주는 다면체 이야기

구분	단계	단원	연계되는 수학적 개념과 내용
초등학교	5-나	직육면체	직육면체의 면, 모서리, 꼭짓점 직육면체의 겨냥도와 전개도
	6-가	각기둥과 각뿔	각기둥과 각뿔의 성질 각기둥과 각뿔의 전개도
	6-가	쌓기나무	쌓기나무의 개수 알아보기
	6-가	겉넓이와 부피	정육면체와 정육면체의 겉넓이와 부피 부피 비교 부피의 단위
중학교	6-가	여러 가지 입체도형	입체도형의 성질
	7-나	다면체와 회전체	다면체와 회전체의 성질
	9-나	피타고라스 정리의 활용	피타고라스의 정리 활용

4 수업 소개

첫 번째 수업_다면체의 뜻과 모양

우리가 사는 공간 주변에서 입체도형을 찾아보고, 다면체의 정의와 다
면체를 구성하는 수학적 요소들을 살펴봅니다. 입체도형을 잘라서 원
하는 다면체를 만들어 내는 방법을 다룹니다.

- 선수 학습 : 다면체의 면, 모서리, 꼭짓점

- 공부 방법 : 여러 가지 모양의 입체도형을 자신의 주변에서 찾아보고, 이 가운데 다면체가 되는 도형과 되지 않는 도형을 구별해 봅니다. 입체도형 자르기를 통해 다양한 개수의 면을 가진 다면체의 모양을 그려 봅니다.

- 관련 교과 단원 및 내용

- 여러 가지 다면체의 다양한 예를 만들어 보고 찾아봄으로써, 교과에서 배우는 내용을 심화 학습할 수 있습니다.

- 5-가 '직육면체' 단원과 연계시킬 수 있습니다.

두 번째 수업_다면체 만들기

다면체를 만들기 위한 전개도의 모양과 그리는 방법을 소개합니다. 전개도를 쉽게 그리는 방법과 정삼각형이나 정사각형 하나로 만드는 입체도형의 전개도를 소개합니다. 또한 입체도형의 자르기와 전개도의 변화를 살펴봄으로써 입체도형을 직접 만들어 볼 수 있도록 합니다.

- 선수 학습 : 다면체의 겨냥도와 전개도

- 공부 방법 : 다면체의 전개도를 그리기 위해서는 먼저 다면체의 모양에 대한 이해를 확실히 해야 합니다. 각기둥의 전개도와 각뿔의 전개도를 기본으로 하여 다양한 입체도형의 전개도를 그려 보면

입체도형에 대해 보다 깊은 이해가 가능합니다.

교과 과정에서 등장하는 입체도형 문제는 전개도를 그리고 활용해야 풀 수 있는 경우가 많습니다. 책에 나온 전개도를 활용하여 문제 푸는 예제를 충분히 숙지하는 것이 좋습니다.

• 관련 교과 단원 및 내용

– 6-가 '겉넓이와 부피' 단원과 연계시킬 수 있습니다.

– 6-가 '각기둥과 각뿔' 단원과 관련된 읽기 자료로 활용 가능합니다.

– 9-나 '피타고라스 정리의 활용' 단원에 나오는 입체도형 문제들을 풀기 위해서는 각기둥, 각뿔의 모양과 함께 전개도를 정확히 그려 낼 수 있어야 합니다.

세 번째 수업_각기둥의 부피

입체도형의 부피를 구하는 아주 기초적인 원리와 방법을 소개하고, 사각기둥의 부피부터 삼각기둥, 오각기둥 등 일반적인 기둥에 대한 부피 구하기로 확장합니다.

• 선수 학습 : 쌓기나무의 개수와 입체도형 부피 사이의 관계

• 공부 방법 : 입체도형의 부피에 대한 수학적인 정의를 올바르게 이해해야 합니다.

보통 각기둥의 부피는 '밑면의 넓이×높이'라는 공식을 외워 문제 풀이에 적용만 하는데, 왜 이런 공식이 성립하는지에 대한 증명을 해 놓았으니 꼼꼼하게 읽어 본다면 각기둥뿐 아니라 입체도형의 부피에 대한 깊이 있는 학습이 가능할 것입니다.

- 관련 교과 단원 및 내용
- 6-가 '각기둥과 각뿔' 단원과 관련된 읽기 자료로 활용 가능합니다.
- 9-나 '피타고라스 정리의 활용' 단원에서 일반적으로 다루는 증명 방법이면서, 비교적 쉽고 간단한 증명으로 학교 수학 학습에 직접적인 도움이 됩니다.

네 번째 수업_각뿔과 그 부피

각뿔과 각뿔을 잘라 만든 각뿔대를 소개하고, 각뿔의 부피가 각기둥 부피의 $\frac{1}{3}$이 된다는 사실을 간단한 실험과 수학적인 탐구로 확인하고 증명합니다.

- 선수 학습 : 도형의 닮음
- 공부 방법 : 밑면이 합동이고 높이가 같은 각기둥과 각뿔이 있을 때, 각뿔의 부피는 각기둥 부피의 $\frac{1}{3}$이 된다는 것에 대한 증명을 담았습니다. 입체도형을 잘라 각각의 부피를 이용한 식을 세우고

정리하여 $\frac{1}{3}$이라는 값을 유도합니다. 초등학교, 중학교 수준에서 각뿔의 부피에 대한 증명이 나온 책이 드물기 때문에 많은 학생들이 궁금해 하는 내용이지만, 다소 복잡하므로 꼼꼼하게 읽어 보는 것이 필요합니다.

• 관련 교과 단원 및 내용

– 입체도형에 대한 탐구와 분석에 관한 전형적인 방법이 소개되어 있어서, 7-나 '다면체와 회전체' 단원의 읽기 자료로 활용될 수 있으며, 9-나 '피타고라스 정리의 활용' 단원에서 입체도형을 응용하는 내용에 관한 심화 학습 자료로 활용될 수 있습니다.

다섯 번째 수업_정다면체

정다면체가 5가지밖에 없다는 사실을 이해하고, 정다면체가 되기 위한 조건들이 가지는 의미를 입체도형의 모양을 관찰하면서 알아봅니다. 또한 정다면체가 만들어지는 구성 원리를 살펴봅니다.

• 선수 학습 : 입체도형이란 공간에서 부피를 가지는 도형이고, 다면체란 평면으로 둘러싸여 만들어진 것입니다. 이때 평면으로 둘러쌀 수 있기 위한 조건에 대해 생각해 보아야 합니다.

• 공부 방법 : 한 꼭짓점에 모인 면의 개수가 같다는 내용은 정다면체가 되기 위한 조건일 뿐만 아니라 정다면체를 만드는 방법을 나

타내고, 어느 방향에서 보아도 같은 모양을 가진다는 것을 의미합니다. 이 조건을 이용하여 정다면체가 5가지뿐임을 증명합니다.

정다면체를 만드는 방법에 따라 전개도가 달라질 수 있습니다. 내용을 학습한다는 자세보다는 정다면체를 만들어야 한다는 과제 해결의 관점에서 보기를 권합니다.

• 관련 교과 단원 및 내용

− 정팔면체는 정사각뿔 2개를 이어 붙인 양각뿔 형태로 볼 수 있고, 밑면이 정삼각형이고 옆면이 정삼각형으로 이루어진 엇각기둥 형태로 볼 수 있습니다. 정다면체가 만들어지는 구성 원리에 대한 심화 학습 자료가 됩니다.

− 7−나 '다면체와 회전체' 단원의 읽기 자료로 활용이 가능합니다.

여섯 번째 수업_정다면체의 신비

고대 그리스 수학자들이 정다면체에 대해 어떠한 의미를 부여했는지 소개합니다. 또한 정다면체 사이에 얽혀 있는 관계를 살펴보고, 정다면체가 화학식의 모델에 적용되는 방법을 소개합니다.

• 선수 학습 : 수학사 − 고대 그리스 수학자들의 세계관

• 공부 방법 : 정다면체에서 느껴지는 이미지에 대해 생각해 보고, 그리스 수학자들의 세계관을 파악해 볼 수 있습니다. 정다면체에

서 다른 정다면체가 만들어지는 구성 원리를 통해 서로 연결되어 있는 수학 구조를 배울 수 있습니다. 정다면체의 구조가 화학과 건축에서 적용되는 예를 살펴보는 것도 유익합니다.

- 관련 교과 단원 및 내용
- 7-나 '다면체와 회전체' 단원의 읽기 자료로 활용이 가능합니다.
- 9-나 '피타고라스 정리의 활용' 단원에 나오는 다면체 내부에서 만들어지는 정다면체의 모서리 길이, 부피 등 많은 응용문제들을 해결하는 데 도움이 됩니다.

일곱 번째 수업 _ 아르키메데스의 다면체

정다면체를 잘라서 만든 아르키메데스의 다면체를 소개하고, 이 도형들이 만들어지는 원리와 특징을 살펴봅니다.

- 선수 학습 : 정다면체를 잘라서 만든 새로운 도형들에 대해 배웁니다. 정다면체가 되기 위한 조건을 다시 한 번 생각해 보고 읽어 보면 좋습니다.
- 공부 방법 : 정다면체가 되기 위한 조건을 먼저 확인합니다. 이 조건을 완화했을 때 만들어지는 입체도형이 준정다면체아르키메데스의 다면체입니다. 축구공은 정이십면체를 자른 것으로 만들어집니다. 같은 방법으로 만들어지는 아르키메데스의 다면체들에 대해

소개합니다. 또한 정다각형으로 이루어진 구 모양의 다양한 입체
도형을 소개합니다.

- 관련 교과 단원 및 내용
- 7-나 '다면체와 회전체' 단원의 읽기 자료로 활용이 가능합니다.
- 9-나 '피타고라스 정리의 활용' 단원에 나오는 다면체 내부에서
  만들어지는 정다면체의 모서리 길이, 부피 등의 많은 응용문제들
  을 해결하는 데 도움이 됩니다.

여덟 번째 수업_정다각형으로 만드는 도형

정삼각형만 이어 붙여서 만들 수 있는 델타다면체를 소개하고, 정삼각
형, 정사각형, 정오각형을 이어 붙여서 만들 수 있는 다양한 다면체에
대해 살펴봅니다.

- 선수 학습 : 정삼각형으로 만들어지는 정다면체에는 무엇이 있는
  지 확인하고, 정다면체가 되는 조건이 무엇인지 알고 읽으면 좋습
  니다.
- 공부 방법 : 정다각형을 이어 붙여서 만들 수 있는 다양한 입체도
  형이 소개되어 있습니다. 또한 각뿔, 각기둥, 엇각기둥을 이어 붙
  여서 새로운 입체도형을 만드는 방법이 소개됩니다. 정삼각형만을
  사용해서 정다면체가 아닌 다른 도형들도 만들 수 있습니다. 읽어

보는 것도 좋지만 두꺼운 도화지를 정삼각형으로 잘라서 직접 만들어 보는 것이 가장 좋습니다.

- 관련 교과 단원 및 내용
- 7-나 '다면체와 회전체' 단원의 읽기 자료로 활용이 가능합니다.

아홉 번째 수업_입체도형의 오일러 공식

다면체 꼭짓점의 개수, 면의 개수, 모서리의 개수 사이에 성립하는 오일러 공식을 소개하고, 이 공식을 활용하는 방법과 의의를 살펴봅니다.

- 선수 학습 : 7차 교육 과정부터 중학 수학에서 제외된 부분입니다. 특별히 필요한 선수 학습은 없습니다.
- 공부 방법 : 입체도형의 점, 선, 면의 개수에 대한 오일러 정리가 입체도형을 분석하는 데 매우 유용하게 활용될 수 있습니다. 오일러 정리를 이용하여 정다면체가 5가지뿐이라는 것도 증명할 수 있습니다. 오일러 정리를 이용할 때, 어떤 점이 좋은지 염두에 두면서 읽는 것이 좋습니다.
- 관련 교과 단원 및 내용
- 고등학교 수리 논술에서 유연한 사고나 창의적 사고의 중요성에 대한 논술 자료로 활용 가능합니다.

아르키메데스를 소개합니다

Archimedes (B.C. 287 ~ B.C. 212)

세상 사람들은

나를 인류 역사상 가장 위대한 3인의 수학자 중 한 명으로 꼽습니다.

나는 오랜 세월 동안 수학을 공부했다기보다 즐겼습니다.

답을 구하기 위한 과정에 몰입하는 것이 너무 좋았습니다.

그래서 목욕탕 욕조에 들어가서도 문제에 대해 생각했습니다.

왕관에 은이 섞였는지 아닌지 알아내는 방법을 욕조에서 발견했을 때,

너무나 기쁜 나머지 나도 모르게 벌거벗은 채 거리를 뛰어다니며

"유레카알아냈다!"라고 외치기도 했지요.

 여러분, 나는 아르키메데스입니다

나는 여러분보다 2300여 년 먼저 고대 그리스의 시라쿠사라는 도시국가에서 태어났습니다. 고대 그리스 수학이 발전하던 시대에 살았지요. 내가 살았던 시대에 수학이 가장 발달했던 곳은 이집트였습니다. 피타고라스가 그러했고, 탈레스가 그러했던 것처럼 나도 이집트에서 수학을 공부하고 그리스로 돌아와 그리스 수학의 발전을 위해 노력하였습니다. 나는 내 학문의 결과들이 아주 유용하게 사용될 때마다 큰 보람을 느꼈습니다. 무엇보다 수학과 과학에 대한 내 연구가 나라를 위해 사용되었다는 것이 가장 자랑스럽습니다.

내가 살았던 시대에 가장 강력한 군사력을 가진 로마군이 우리 시라쿠사를 공격해 왔습니다. 많은 사람들이 몇 개월도 버티지 못하고 함락당할 것이라고 했던 시라쿠사 성은 3년 동안이나 로마군의 포위 공격을 막아 냈습니다. 거기에는 내가 만든 투석기와 같은 무기들이 큰 역할을 했습니다.

나는 지레의 원리에 대해서도 많은 연구를 했습니다. 나는 "나에게 지구 밖의 어느 곳에 내 발을 붙일 곳과 충분한 길이의 막대만 있다면 지구를 움직여 보이겠다"고 말한 적이 있습니다. 그리고 그 증거로 해안에 정박해 있던 큰 군함을 복합도르래를 사용하여 끌어올리기도 했지요.

나는 또한 나선식 펌프도 만들었습니다. 이 때문에 사람들은 쉽고 편리하게 들판이나 농지에 물을 대거나, 혹은 늪지의 물을 빼낼 수 있었지요. 이 펌프는 별다른 동력이 필요하지 않아 지금도 이용된다고 합니다.

나는 오랜 세월 동안 건강하게 살면서 많은 연구를 했습니다. 그 덕분에 많은 업적을 남길 수 있었고, 세상 사람들은 나를 인류 역사상 가장 위대한 3인의 수학자 중 한 명으로 꼽고 있습니다.

나는 오랜 세월 동안 수학을 공부했다기보다 즐겼습니다. 답을 구하기 위한 과정에 몰입하는 것이 너무 좋았습니다. 그래서 목욕탕 욕조에 들어가서도 문제에 대해 생각했습니다. 왕관에 은이 섞였는지 아닌지 알아내는 방법을 욕조에서 발견했을 때, 너무나 기쁜 나머지 나도 모르게 벌거벗은 채 거리를 뛰어다니며 "유레카알아냈다!"라고 외치기도 했지요.

종이에건 땅에건 도형을 많이 그려 보았습니다. 나는 내 생의 마지막 순간까지 도형을 그리며 기하 문제에 대해 생각했습니다. 칼과 창을 들고 위협하는 로마 병사를 피하는 것보다 막 떠오르는 기하 문제의 아이디어가 더 중요했습니다.

나는 한때 입체도형에도 푹 빠졌습니다. 많이 만들어 보고 많이 관찰했지요. 정다면체를 잘랐을 때 어떤 모양이 나오는지, 잘린 모양 사이에는 어떤 원리가 숨어 있는지 살피다 보면 그 속에서 이 세상을 구성하는 어떤 원리와 아름다움이 느껴지기도 했습니다.

나는 내 묘비에 입체도형을 새겨 달라고 친구들에게 부탁했을 정도로 입체도형을 좋아했습니다. 후세 사람들은 내가 연구했던 몇 가지의 다면체를 내 이름을 따 '아르키메데스의 다면체'라고 부릅니다. 나는 기회가 온다면 사람들에게 다면체의 아름다움과 그 속에 숨어 있는 원리에 대해 알려 주고 싶었는데, 이렇게 여러분들과 함께 다면체의 세계로 여행을 떠나게 되어 너무 기쁩니다. 즐거운 수업이 되길 바랍니다.

아르키메데스가 들려주는 다면체 이야기

생각이 안 나니 피로도 풀 겸 목욕이나 해야겠다.

무슨 좋은 방법이 없을까?

어~ 시원타

차아

유레카 유레카

여기 순금으로 된 왕관과 금덩어리가 있습니다.

둘의 무게는 같습니다.

두 개를 물통에 넣으면 물이 올라갑니다.

어느 쪽이 더 많이 올라갈까요?

둘의 무게가 같다면 물이 올라가는 높이는 같겠지.

맞습니다. 하지만 금과 은은 무게가 같더라도 은의 부피가 더 큽니다.

금과 은을 물이 가득 든 물통에 넣으면 금을 넣었을 때보다 은을 넣었을 때 물이 더 많이 흘러넘치게 되겠군.

만약 왕관에 은이 섞여 있다면, 왕관을 물통에 넣었을 때 순금덩어리를 넣었을 때보다 많은 양의 물이 흘러넘치게 됩니다.

앗

이것을 이용하면 왕관에 은이 섞여 있는지 쉽게 알아낼 수 있습니다.

하하, 역시 아르키메데스는 최고의 수학자야!

다면체의
뜻과 모양

여러 가지 모양의 입체도형이 다면체가 되기 위한
조건을 알아보고, 우리 생활 주변에서 다양한 입체도형
의 예를 찾아봅니다.

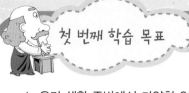

첫 번째 학습 목표

1. 우리 생활 주변에서 다양한 입체도형의 예를 찾아봅니다.

2. 여러 가지 모양의 입체도형이 다면체가 되기 위한 조건을 확인하고 적용하여 다면체가 되는지 판단해 봅니다.

미리 알면 좋아요

1. 점 길이, 넓이, 부피가 없이 공간에서 위치만을 나타내는 것.
   선 점이 움직인 흔적으로, 넓이가 없습니다.
   면 선이 움직인 흔적.

2. **직육면체** 여섯 개의 직사각형으로 둘러싸인 입체도형으로, 대표적인 각기둥입니다.

아르키메데스의
첫 번째 수업

안녕하세요. 나는 아르키메데스라고 합니다.

"안녕하세요. 와! 할아버지 선생님이다."

하하, 그래요. 나는 오랜 세월을 수학과 함께한 할아버지 선생님이지요. 인류 역사상 참으로 많은 수학자가 있었지만, 사람들은 가장 위대한 수학자 중 한 사람으로 나를 꼽더군요. 하나의 큰 발견도 중요하지만, 오래오래 건강하게 살면서 많은 연구를 하는 것이 더 중요하답니다. 여러분들도 공부에 앞서 건강하게 생활해야 합니다. 알겠지요?

"네."

우리가 사는 이 세상은 헤아릴 수 없이 많은 입체도형으로 되어 있습니다. 이제부터 여러분들과 입체도형의 세계로 함께 여행해 보려고 합니다.

자, 먼저 입체도형이란 무엇일까요? 입체도형이란 삼차원 공간에서 부피를 가지는 도형 모두를 뜻합니다. 공간을 차지하고 있는 것 중에 입체도형이 아닌 것을 찾기가 오히려 더 어렵습니다.

우리는 지금 입체도형 위에서 살고 있고, 입체도형으로 된 많은 생활 도구를 사용하며, 입체도형 모양의 먹을거리를 먹고, 입체도형으로 된 수많은 것들을 보며 살고 있습니다. 그러니까 입체도형에 관한 우리의 이야기를 굳이 수학책에서 찾을 것이 아니라, 우리 주변에서 시작해 보는 게 더 좋겠습니다.

아, 그렇군요. 여러분들이 앉아 있는 의자도 입체도형으로 되어 있습니다.

아르키메데스가 들려주는 다면체 이야기

직육면체 모양의 판, 사각기둥의 등받이, 원기둥으로 된 다리……

물론 책상도 입체도형입니다. 여러분들도 주위를 한 번 둘러보세요. 입체도형이 보이나요?

학생들은 이리저리 두리번거리며 살펴보기 시작했고, 여기저기에서 학생들의 대답이 이어졌습니다.

"제가 들고 있는 연필도 입체도형이에요."

"이 교실은 직육면체 모양을 하고 있어요. 우리는 직육면체 안에 앉아 있는 것 같아요."

"여기 있는 지우개도 직육면체 모양이에요. 그러니까 입체도형이지요."

"천장에 매달린 형광등도 입체도형이에요."

그때 한 학생이 가방을 번쩍 들며 물었습니다.

"선생님, 이 가방도 입체도형인가요?"

물론입니다. 매우 복잡한 모양의 입체도형이지요. 공간을 차

지하는 모든 것이 입체도형이 될 수 있기 때문에 그 모양은 헤아

릴 수 없이 많습니다.

아르키메데스가 지우개를 번쩍 들며 학생들에게 물었습니다.

이 지우개는 분명히 입체도형입니다. 그런데 이것이 직육면체

일까요?

"직육면체 맞습니다."

아르키메데스가 들려주는 다면체 이야기

그래요? 수학에서 말하는 **직육면체**란 6개의 면으로 되어 있고, 각 면이 모두 직사각형으로 이루어진 입체도형입니다. 지우개를 다시 한 번 살펴봅시다.

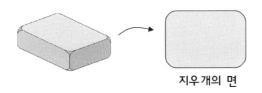

지우개의 면

지우개의 면이 직사각형이 되려면 꼭지점이 있어야 하는데, 이 지우개의 면에서는 꼭지점을 찾기가 어렵군요. 따라서 이 지우개의 면은 직사각형이 아닙니다. 결국 이 지우개는 직육면체가 아니라는 결론을 얻게 됩니다. 그런데 만약 우리에게 이 지우개가 어떻게 생겼냐고 묻는다면 어떻게 말하는 게 좋을까요?

"직육면체 모양에서 꼭지점 부분이 조금 닳은 모양이라고 하면 되지 않을까요?"

아주 좋은 답입니다. 이 지우개의 모양에 대해 직육면체라는 수학 용어를 사용하면 누구나 쉽게 그 모양을 짐작할 수 있기 때문이지요.

이와 같이 수학에서는 공간을 차지하고 있는 여러 가지 모양들에 대해 입체도형이라는 이름을 붙여 주었고, 몇몇 도형들은 모양의 특징을 잡아서 이름을 붙여 주고 있습니다. 직육면체, 다면체, 정오각뿔, 원기둥, 원뿔 등이 그 예입니다. 도형에게 붙여진 이름의 뜻을 올바르게 알고 있다면 공간에 존재하는 물체의 모양을 이야기하는 데 매우 편리합니다.

많은 입체도형 중에서 오늘부터 우리는 '다면체'라는 이름이 붙은 입체도형에 대해서 공부하려고 합니다. 혹시 다면체가 무엇인지 아는 사람 있나요?

"여러 개의 면으로 이루어진 도형이라는 뜻 아닌가요?"

"직육면체나 정육면체, 사각뿔 등을 말하는 것 같아요."

그렇습니다. **다면체**란 다각형의 면으로 둘러싸인 입체도형을 일컫는 말입니다. 면의 개수에 따라 '사면체, 오면체, 육면체, 십면체'라고 부릅니다.

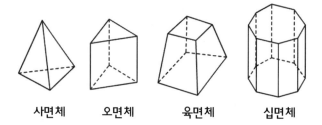

| 사면체 | 오면체 | 육면체 | 십면체 |

아르키메데스가 들려주는 다면체 이야기

아르키메데스는 칠판에 다면체가 그려진 그림을 붙이고 이름을 적었습니다.

그림에서 세 번째 도형은 6개의 평면으로 이루어져 있기 때문에 '육면체'라고 부릅니다.

다면체의 가장 큰 특징은 둘러싸고 있는 면이 모두 평면으로 되어 있는 도형이라는 것입니다. 즉 다음과 같이 모든 면이 휘어지지 않은 평면으로 된 도형을 다면체라고 부릅니다. 어느 한 면이라도 휘어진 면이 있다면 다면체가 될 수 없습니다.

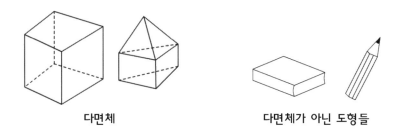

다면체   다면체가 아닌 도형들

그러므로 조금 전에 한 친구가 예로 들었던 연필은 다면체가 아닙니다. 연필의 끝은 원뿔 모양으로, 평면이 아니기 때문입니다. 또한 다음의 그림과 같이 직육면체를 둥글게 잘라 내고 남은 도형도 다면체가 될 수 없습니다. 잘라 낸 부분이 평면이 아닌

곡면이 되기 때문입니다.

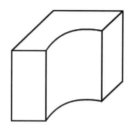

철오는 궁금한 게 있다는 듯이 아르키메데스에게 질문을 했습니다.

"선생님, 만약에 휘어진 부분이 하나도 없이 각이 진 도형을 다면체라고 한다면, 우리 주위에서 다면체를 찾기는 너무 어려울 것 같아요. 이 책상만 하더라도 가장자리가 둥글게 다듬어져 있잖아요."

아주 좋은 발견입니다. 다면체란 우리의 머릿속에서 수학적인 개념으로 존재하는 것입니다. 입체도형을 분류하고 특징을 지우는 여러 가지 이름 중에 하나이지요. 지금 질문에서 예로 든 책상의 경우에도 다면체의 모양을 하고 있지만 다면체와는 약간의 차이가 있습니다. 그 차이는 가장자리에 있는 둥근 부분인데, 이것은 수학을 사용하면 쉽게 설명할 수 있습니다. '평면과 평면이

만나는 모서리가 없기 때문에 이 책상은 다면체가 아니다' 라고
간단하게 설명할 수 있지요.

입체도형을 따지고 분석해 보기에 앞서 입체도형에 필요한 몇
가지 개념을 살펴보는 것이 필요할 것 같네요.

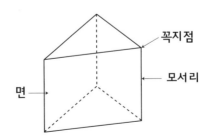

다면체에는 이름이 붙여진 여러 가지 도형이 있습니다. 혹시 알고 있는 이름이 있나요?

학생들에게서 여러 가지 다양한 대답이 나왔습니다.

"직육면체, 정육면체요."

"사각뿔이요."

"각뿔대요."

"이십면체요."

좋습니다. 많이 알고 있군요. 대표적인 다면체로는 각기둥과 각뿔이 있습니다. 아래의 그림과 같은 도형을 각기둥이라고 부릅니다. 밑면의 모양에 따라 '사각기둥, 오각기둥' 이라고 부르지요.

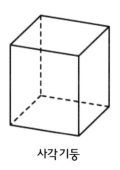

사각기둥

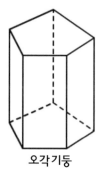

오각기둥

각기둥의 특징은 옆면이 모두 직사각형이라는 데에 있습니다. 만약 옆면이 삼각형으로 되어 있다면 아래와 같이 끝이 뾰족한 모양이 될 것입니다.

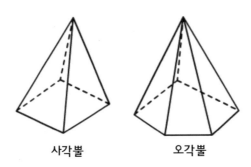

사각뿔   오각뿔

이런 모양의 도형을 각뿔이라고 하는데, 역시 밑면의 모양에 따라 '사각뿔, 오각뿔' 이라고 부릅니다.

자, 이제 좀 더 다양한 다면체의 세계로 나아가 보겠습니다. 칠면체란 7개의 평면으로 둘러싸인 입체도형을 말합니다. 칠면체에는 어떤 모양이 있는지 생각해 보고 발표해 봅시다.

철오가 나서며 대답했습니다.

"오각기둥은 칠면체가 됩니다."

네, 좋습니다. 오각기둥은 칠면체가 되지요.

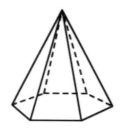

"육각뿔도 칠면체예요."

맞았습니다. 육각뿔은 육각형 1개와 삼각형 6개로 이루어진 칠면체이지요. 또 찾아봅시다.

"아까 다면체에 대해 설명할 때 나왔던 '삼각기둥 위에 삼각뿔을 붙인 모양의 도형'도 칠면체입니다."

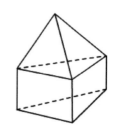

그렇습니다. 아주 잘 찾았습니다. 벌써 3가지나 찾아냈군요.

이 외에도 칠면체의 모양은 여러 가지가 더 있습니다. 찾아봅시다.

더 이상 다른 모양의 칠면체가 떠오르지 않는지 학생들은 아무런 대답이 없었습니다.

여러분들이 칠면체를 더 이상 찾지 못하는 이유는 다면체를 만드는 방법에 대해 너무 고정된 생각을 갖고 있기 때문입니다.

오각뿔은 몇 면체이지요?

"육면체입니다."

그럼 오각뿔의 위쪽을 칼로 잘라 내면 어떻게 됩니까?

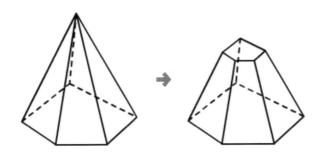

"아, 면이 한 개 더 생겨서 칠면체가 되는군요."

철오가 신기하다는 듯이 큰 목소리로 대답하자 학생들은 그제 야 이해하겠다는 표정을 지으며 고개를 끄덕였습니다.

그렇습니다. 각뿔을 밑면과 평행한 평면으로 잘라 내고 남은 모양을 각뿔대라고 부르지요.

다른 방법으로 잘라 내 칠면체를 만들 수도 있습니다. 이런 모양은 어떻습니까?

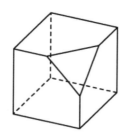

"그렇군요. 육면체에서 한 번 잘라 주면 칠면체가 나오네요."
"그럼, 삼각기둥은 오면체이니까 두 번 잘라 주면 칠면체가 되겠네요."

아주 좋습니다. 이렇게 칠면체를 만드는 방법에는 여러 가지가 있습니다. 여러분들이 찾아낸 바와 같이 다면체를 자를 때마다 새로운 면이 생깁니다. 이것을 이용하면 원하는 모양의 다양한 다면체를 만들어 낼 수 있답니다.

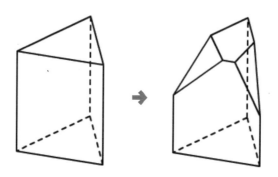

아르키메데스가 들려주는 다면체 이야기

입체도형 역지사지易地思之

정육면체를 27개의 작은 정육면체로 만들기 위해서는 6번 잘라 주면 됩니다.

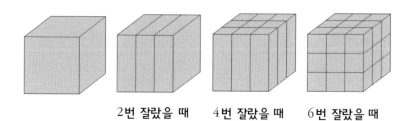

2번 잘랐을 때   4번 잘랐을 때   6번 잘랐을 때

자르는 횟수를 6번 미만으로 줄이기 위해 자르는 방법을 조금 달리해 보겠습니다. 일단 입체도형을 자르고 난 다음 잘린 조각들을 포개어 놓고 한꺼번에 자를 수 있다고 해 보겠습니다.

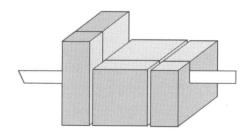

이렇게 여러 조각을 포개어 놓고 한꺼번에 자를 수 있다면 4번이

나 5번 만에 정육면체를 27개로 자르는 것이 가능하지 않을까요?

학생들은 답을 찾지 못했는지 아무도 대답하지 않고 그냥 조용히 앉아 있었습니다.

답을 찾지 못했나 보군요. 4번이나 5번 잘라 27개의 조각으로 자르는 것은 불가능합니다. 입체도형을 자르는 사람의 입장에서 벗어나 잘리는 입체도형의 입장에서 생각해 본다면 이유를 쉽게 찾을 수 있습니다.

이 도형과 입장을
바꾸어 생각합니다.

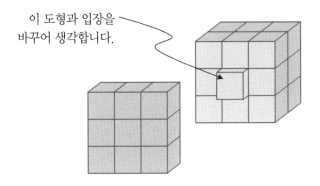

한가운데에 있는 작은 정육면체는 6개의 면이 모두 칼질을 당해서 만들어집니다. 그러므로 포개어 자르든 그냥 자르든 반드시 6번은 잘라 주어야 만들어진답니다.

수업 정리

① 다면체

다각형의 면으로만 둘러싸인 입체도형을 말합니다. 면의 개수에 따라 사면체, 오면체, 육면체, 십면체라고 부릅니다. 대표적인 다면체에는 각기둥과 각뿔이 있습니다.

② 주어진 다면체를 자르면 단면이 생기고 면의 개수가 늘어납니다. 이것을 이용하면 칠면체, 팔면체, 구면체 등 원하는 다면체를 만들어 낼 수 있습니다.

다면체 만들기

직육면체를 잘라서 만든 다면체와 각기둥의 전개도를
그려 보고, 전개도를 이용하여 문제를 해결해 봅니다.

1. 직육면체의 전개도를 여러 가지 모양으로 그려 보고, 각기둥의 전개도를 그려 봅니다.

2. 직육면체를 잘라서 만든 다면체의 전개도를 그리고 만들어 봅니다.

3. 전개도를 이용하여 문제를 해결해 봅니다.

미리 알면 좋아요

1. 입체도형의 전개도 입체도형의 겉면을 잘라서 평면 위에 펼쳐 놓은 그림.

2 입체도형의 겨냥도 입체도형의 모양을 잘 알 수 있도록 하기 위해 보이는 모서리는 실선으로, 보이지 않는 모서리는 점선으로 하여 그린 그림.

아르키메데스의
두 번째 수업

입체도형을 제대로 공부하기 위해서는 무엇보다 입체도형을 많이 만들어 보는 것이 중요합니다. 종이로 입체도형을 만들기 위해서는 우선 전개도를 그려야 하는데, 다면체의 전개도는 다면체의 면을 이루는 다각형들을 붙인 그림으로 만들어집니다.

"선생님, 전개도를 그리는 순서나 방법에 대해 알려 주세요."

전개도를 그리는 일정한 순서는 없습니다. 방법도 정해져 있지 않아요. 전개도를 그리기 위해 무엇보다 필요한 것은 만들고자 하는 입체도형을 제대로 관찰하고 분석하는 일입니다.

자, 그럼 다음과 같은 직육면체를 만들어 볼까요?

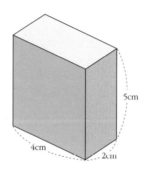

직육면체는 6개의 면으로 된 사각기둥입니다. 옆면이 모두 직사각형으로 되어 있습니다. 우선 사각기둥의 특징을 살려 다음과 같이 직사각형을 이어 붙인 그림을 그립니다.

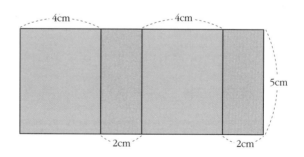

여기까지 그린 것을 오려서 만들면 다음과 같은 도형이 됩니다.

아르키메데스가 들려주는 다면체 이야기

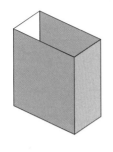

옆면으로만 이루어진 사각기둥입니다.
여기에 밑바닥과 윗면을 만들어 덮어 주
면 됩니다.

이런 순서로 만든 다음 다시 전개도 그
림으로 가서 파란색 사각형의 위와 아래
에 직사각형을 붙여 주면 됩니다.

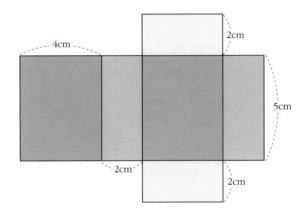

하늘색 직사각형을 어떻게 붙여 주는가에 따라 여러 가지 모양
의 전개도가 나올 수 있습니다.

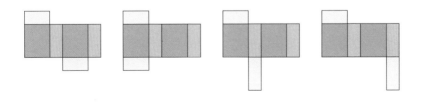

아르키메데스가 들려주는 다면체 이야기

전개도를 그리는 일은 단순히 만들기의 과정으로만 그치지 않습니다. 전개도에 나오는 다각형들의 넓이를 모두 더하면 다면체의 겉넓이가 됩니다. 그러니까 입체도형을 만드는 일뿐만 아니라 겉넓이를 구하는 데에도 전개도의 분석이 이용됩니다.

자, 그럼 이번에는 각뿔의 전개도를 그려 보겠습니다. 우선 만들고자 하는 각뿔을 선택해 볼까요?

밑면은 정오각형으로 하겠습니다. 만들기에 앞서 오각뿔의 모양에 대해 살펴보아야 합니다.

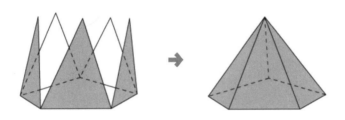

그림과 같이 바닥 면인 정오각형의 각 변에 이등변삼각형을 하나씩 붙여 준 다음, 삼각형의 위쪽 꼭지점을 모아서 뿔 모양으로 만들면 됩니다. 이제 오각뿔을 만들 준비가 되었으니 전개도를 그려 볼까요?

전개도가 그려지는 것을 쳐다보던 한 학생이 외쳤습니다.

"별 모양이다!"

그렇습니다. 오각뿔은 별 모양의 전개도로 만들어진답니다. 사각뿔의 전개도는 사각형의 변에 삼각형 4개를 붙여 준 모양이 되고, 팔각뿔의 전개도는 팔각형의 변에 삼각형 8개를 붙여 준 모양이 됩니다.

아르키메데스가 들려주는 다면체 이야기

    그럼, 이번에는 정육면체를 잘라서 만든 다음과 같은 입체도형의 전개도를 함께 그려 보겠습니다.

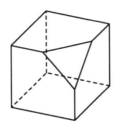

    이와 같이 잘라서 만든 도형의 전개도를 그릴 때에도 가장 먼저 할 일은 이 도형을 자세히 살펴보는 것입니다.

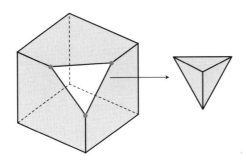

    이 도형은 그림과 같이 잘린 단면이 모서리의 중점을 지나도록 잘라 주었을 때 만들어집니다. 이때 잘린 모양을 전개도에서 잘라 주어야 합니다.

    파란색 꼭지점을 중심으로 잘라 줍니다.

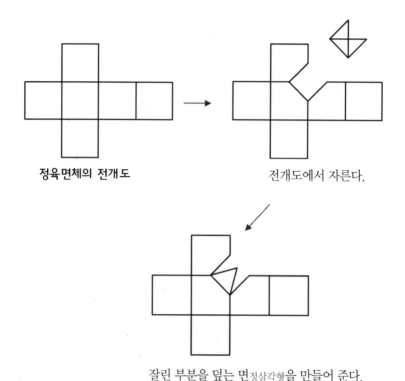

정육면체의 전개도　　　　　　　　전개도에서 자른다.

잘린 부분을 덮는 면정삼각형을 만들어 준다.

　　전개도를 그려 보는 것은 입체도형을 만드는 데에도 필요하

지만, 입체도형을 보다 잘 살피고 느껴 보기 위해서 꼭 필요한

일입니다. 전개도가 활용되는 아주 재미있는 문제를 살펴보겠

습니다.

다음과 같이 정육면체의 한 꼭지점에 개미가 한 마리 있습니다. 개미는 어느 한 방향을 정해 직선으로만 움직입니다. 개미는 방향을 바꾸지 않고 직선을 따라 똑바로 움직여 정육면체의 모든 면을 한 번씩 가보려고 합니다. 이것이 가능할까요?

철오가, 구체적인 방법은 모르겠지만 아마 가능할 것 같다고 대답하자 서로 생각이 다르다는 듯 여기저기에서 가능하다, 불가능하다는 다른 학생들의 대답이 쏟아져 나왔습니다.

답은 '가능하다' 입니다. 그런데 개미가 어떻게 가면 되는지는 쉽게 떠오르지 않을 것입니다. 이때 정육면체의 전개도를 이용한다면 개미가 움직여야 할 방향을 쉽게 찾을 수 있습니다.

먼저, 다음과 같이 정사각형을 3층 계단 모양으로 만든 것이 정육면체의 전개도가 됨을 알아야 합니다. 이 전개도를 이용하여 다음과 같이 방향을 잡아 주면 직선을 따라 움직이면서도 6개의 면을 모두 지날 수 있습니다.

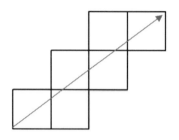

각기둥이나 각뿔과 같은 다면체가 아니라면 전개도의 모양은 복잡해집니다. 그렇지만 다면체의 전개도가 항상 복잡한 모양은 아닙니다. 가장 간단한 전개도는 다음과 같이 정삼각형 1개만 그려 주는 것으로도 완성이 됩니다.

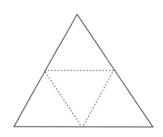

아르키메데스가 들려주는 다면체 이야기

정삼각형 변의 중점을 연결하여 점선을 그린 다음 점선대로 접어 주면 정사면체가 나옵니다.

또 하나 간단한 전개도를 찾아보겠습니다. 정사각형 1개만으로 전개도가 완성되는 다면체입니다.

자, 그럼 모두들 색종이를 가지고 만들어 보겠습니다.

학생들은 놀랍다는 표정을 지으며 아르키메데스가 나누어 주는 색종이를 받아 들었습니다. 그러고는 색종이를 이리저리 접어 보았습니다.

색종이를 가지고 열심히 접어 보던 철오가 손을 번쩍 들며 아르키메데스에게 반론을 제기했습니다.

"선생님, 정사각형의 경우에는 중점을 연결하여 점선을 그린 다음 점선대로 접으면 그대로 포개어집니다."

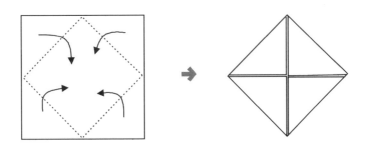

철오의 반론에 빙긋 웃으며 아르키메데스의 설명이 이어졌습니다.

정사각형에 접는 선을 다음과 같이 그려 주면 됩니다. 정사각형의 꼭지점과 변의 중점을 연결한 것입니다. 이렇게 접어 주면 삼각뿔이 만들어집니다. 이때 밑면은 직각이등변삼각형이 됩니다.

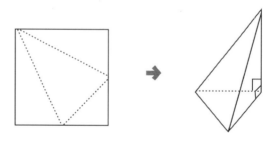

이번에는 색종이를 가로, 세로로 한 번씩 접은 다음 작은 정사각형 한 개를 잘라 내세요.

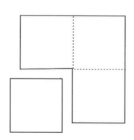

아르키메데스가 들려주는 다면체 이야기

잘라 내고 남은 모양을 볼까요? 작은 정사각형 3장을 붙여 만든 모양이 됩니다. 여기에 다음과 같이 접는 선을 그립니다.

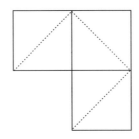

접는 선을 따라 접으면 어떤 모양의 도형이 만들어질지 상상이 되나요?

네, 삼각뿔이 아래위로 붙은 모양의 도형이 나옵니다. 바로 이런 모양이지요.

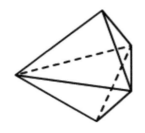

두번째
수업 정리

❶ 각기둥의 전개도

옆면을 이루는 직사각형을 이어 붙이고, 밑면을 이루는 다각형을 아래위로 붙여 준 모양으로 그리면 편리합니다.

❷ 각뿔의 전개도

다각형의 각 변에 이등변삼각형을 붙여 준 모양으로 그리면 쉽게 그릴 수 있습니다.

❸ 정삼각형이나 정사각형도 입체도형의 전개도가 될 수 있습니다.

❹ 입체도형의 겉면과 관련된 문제는 전개도를 이용하면 풀 수 있습니다.

각기둥의 부피

입체도형과 다면체의 부피를 구하는 방법에 대해 알아
봅니다.

1. 입체도형의 부피에 대한 개념을 이해합니다.

2. 다면체의 부피를 구해 봅니다.

미리 알면 좋아요

1. **단위 정육면체** 1mm, 1cm, 1m와 같이 각각의 길이 단위에 대해 한 모서리의 길이가 1인 정육면체를 뜻합니다.

2. **부피의 단위** mm^3, cm^3, m^3 등을 사용합니다.

이번 수업에서는 입체도형의 부피에 대해 함께 공부해 보겠습니다. 부피란 입체도형가 차지하고 있는 공간의 크기를 뜻합니다.

입체도형의 종류는 무궁무진하게 많아서 다면체에만 한정하여 보더라도 그 모양은 셀 수 없을 만큼 많습니다. 그래서 각기둥에만 한정해서 부피를 설명해 보겠습니다.

부피를 측정하기 위해서는 부피 세는 단위를 정해야 합니다.
다음과 같은 선분의 길이는 얼마라고 해야 할까요?

―――――――――

"5cm가 조금 넘는 것 같아요."

"자로 재 보면 되지요."

그렇습니다. 자를 사용하면 길이를 잴 수 있지요. '자를 사용한
다' 는 것은 '길이를 재는 기준을 적용한다' 는 것을 의미합니다.

아르키메데스가 들려주는 다면체 이야기

1cm는 1m의 $\frac{1}{100}$ 이고, 1m는 약 200여 년 전에 지구의 북극에서 남극까지의 거리, 즉 자오선의 길이를 구해 그것의 $\frac{1}{20000000}$ 로 하여 사람들 사이의 약속으로 정한 것입니다.

우리가 cm 단위가 표시된 자를 사용하는 것은 이 선분 안에 1cm가 몇 개나 들어가는지 확인하기 위해서지요.

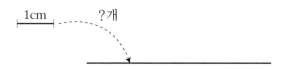

이 선분에 1cm짜리 작은 선분을 겹치지 않게 이어 놓으면 5개와 $\frac{1}{2}$ 개가 들어갈 수 있습니다. 그래서 선분의 길이는 $5\frac{1}{2}$ cm 또는 5.5cm가 됩니다.

미라가 고개를 갸웃거리며 선생님께 질문했습니다.

"그럼 도형의 넓이는 정사각형이 몇 개 들어가는지를 재는 건가요?"

그렇습니다. 평면도형의 넓이는 한 변의 길이가 1cm인 정사각형이 몇 개 들어가는지 재 보는 것입니다. 그리고 입체도형의 부피는 한 변의 길이가 1cm인 정육면체가 몇 개 들어가는지로 잰답니다.

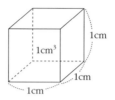

그림의 도형처럼 한 변의 길이가 1cm인 정육면체의 부피는 cm³를 사용하여 나타내기로 전 세계 사람들이 약속하여 사용하는 것이지요.

그때 철오가 손을 들고 말했습니다.

"정육면체의 부피를 잴 때 가로, 세로, 높이 세 개를 곱하기 때문에 cm × cm × cm = cm³가 된 건가요?"

그렇습니다. cm뿐만 아니라 길이를 재는 단위로 mm를 사용한다면 단위정육면체의 부피는 1mm³이고, m를 사용한다면 단위정육면체의 부피는 1m³가 됩니다. 그러니까 부피를 구할 때에는 구하는 단위를 먼저 정해야 하지요. 수학에서는 단위를 정하지 않고 그냥 1이나 3으로 표시하는 경우도 있습니다. 예를 들어,

아르키메데스가 들려주는 다면체 이야기

다음과 같은 문제를 보세요.

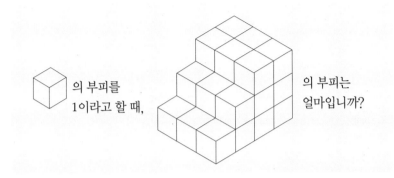

아르키메데스의 말이 끝나기 무섭게 철오가 재빨리 손을 들고 대답했습니다.

"27입니다."

맞았습니다. 왜 27이라고 생각했나요?

"작은 정육면체 몇 개로 만들어졌는지 세어 보았습니다. 세어 보니 모두 27개였습니다."

그렇습니다. 방금 저 친구가 푼 것처럼 입체도형의 부피는 1cm³, 1m³ 등과 같이 특정한 단위로 부피가 1인 정육면체가 몇 개 들어가는지로 잽니다.

부피를 구한다는 것은 그 도형 안에 단위정육면체가 몇 개 들어가는지 측정하는 것을 의미합니다. 아래 도형의 부피는 그림만으로 간단하게 구할 수 있습니다.

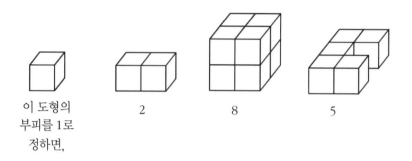

이 도형의
부피를 1로
정하면,

2   8   5

자, 그럼 직육면체의 부피로 넘어가겠습니다. 여러분들은 직육면체의 부피를 구하는 공식을 알고 있나요?

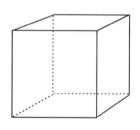

아르키메데스가 직육면체 그림을 그리자 아이들이 큰 소리로 대답했습니다.

"네, 물론입니다. '가로의 길이 × 세로의 길이 × 높이' 로 구

아르키메데스가 들려주는 다면체 이야기

하면 됩니다."

"'밑면의 넓이 × 높이'로 구합니다."

잘 알고 있군요. 그런데 방금 말한 식으로 계산하면 어째서 직육면체의 부피가 될까요? 이 공식이 성립하는 이유에 대해서 설명할 수 있나요?

너무나 당연하게 받아들였던 부피의 공식이 성립하는 이유를 설명하라는 아르키메데스의 질문이 학생들에게는 의외였는지 모두들 어리둥절해 하는 표정이었습니다.

직육면체 안에 정육면체 몇 개가 들어가는지 세면 됩니다. 정육면체로 우선 1층 높이만큼 채워 보겠습니다.

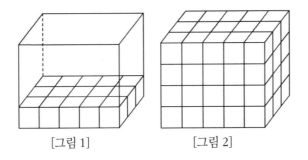

[그림 1]   [그림 2]

[그림 1]에서 보는 것처럼 1층에는 부피가 1인 작은 정육면체가

'가로의 길이 × 세로의 길이' 만큼의 개수로 채워져 있습니다. 한 층에 5×3 = 15개가 있고, 이런 모양으로 높이 층만큼 작은 정육면체가 채워져 있습니다. [그림 2]에서 보듯이 4층 높이입니다.

결론적으로 한 층에 '가로의 길이 × 세로의 길이' 개씩, 높이 층만큼 있다는 말입니다. 결국 '가로의 길이 × 세로의 길이 × 높이' 라는 것은 부피가 1인 작은 정육면체의 개수를 세는 편리한 방법임을 의미하는 것입니다. 또 '가로의 길이 × 세로의 길이' 라는 것은 밑면의 넓이와 같은 값을 가지므로 '밑면의 넓이 × 높이' 로 구해도 됩니다.

경청하던 미라가 질문을 했습니다.

"선생님께서는 직육면체의 부피를 구할 때, 그 안에 부피가 1인 정육면체가 몇 개 들어가는지를 센다고 하셨는데, 너무 작아서 한 개도 들어가지 않는 경우는 어떻게 구하나요?"

좋은 질문입니다. 다음과 같은 직육면체를 생각해 보겠습니다.

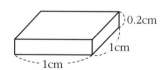

이 직육면체는 밑면의 가로, 세로 길이가 각각 1cm인 정사각형이고, 높이가 0.2cm입니다.

이 도형의 부피는 얼마일까요?

미라는 답이 0.2cm³라는 것은 알고 있지만, 공식을 사용하지 않고 구하는 방법은 모르겠다고 대답했습니다.

이 도형을 쌓아서 부피가 1인 정육면체로 만들어 주면 된답니다.

이렇게 다섯 개를 쌓아 놓으면 부피가 1인 정육면체가 됩니다. 5개가 모여서 1cm³가 되므로 하나의 부피는 0.2cm³가 되지요.

"아, 그렇군요."

지금까지의 논의에 대해 결론을 내려 보겠습니다.

직육면체 혹은 사각기둥의 부피는 그 안에 1cm³ 또는 1m³와 같이 부피의 단위가 1인 정육면체가 몇 개 들어가는지 세면 됩니다. 다음과 같이 편리하게 구할 수도 있습니다.

가로 × 세로 × 높이 또는 밑면의 넓이 × 높이

자, 이번에는 삼각기둥의 부피에 대해 살펴보겠습니다.

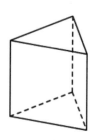

아르키메데스가 들려주는 다면체 이야기

이런 삼각기둥 안에 작은 정육면체를 넣는 것은 어떻게 보면 불가능해 보이기도 합니다. 그래서 삼각기둥의 부피를 직접 구하기보다는 다른 방법을 사용하여 구해 보겠습니다. 아래의 그림에서 색칠된 삼각형을 보세요. 색칠된 삼각형과 직사각형의 넓이를 비교하면 어떻습니까?

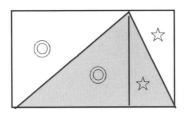

　"삼각형의 넓이가 직사각형 넓이의 절반이에요."

　맞았습니다. 이 방법을 삼각기둥에 사용해 보겠습니다. 직육면체를 그림과 같이 잘라 보면 어떤 결론을 내릴 수 있습니까?

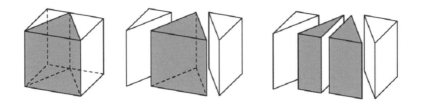

　"삼각기둥의 부피는 사각기둥 부피의 절반입니다."

그렇습니다. 삼각기둥의 부피는 사각기둥^{직육면체} 부피의 절반
이 된다는 것을 식으로 나타내면 다음과 같습니다.

$$\frac{1}{2} \times \text{가로의 길이} \times \text{세로의 길이} \times \text{높이}$$

여기에서 '$\frac{1}{2} \times$ 가로의 길이 $\times$ 세로의 길이'는 바로 밑면인

아르키메데스가 들려주는 다면체 이야기

삼각형의 넓이를 의미합니다. 따라서 삼각기둥의 부피는 다음과
같습니다.

밑면삼각형의 넓이 × 높이

오각기둥의 부피도 마찬가지랍니다. 구하는 방법을 한번 설명
해 보세요.

아르키메데스가 아래의 그림을 그리자 여기저기에서 학생들
의 답변이 이어졌습니다.

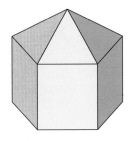

오각기둥을 삼각기둥으로 잘라서 삼각기둥 부피의 합으로 구
해 보면 다음과 같습니다.

삼각기둥 세 개의 부피의 합 = (회색 삼각형의 넓이 + 하늘색 삼각형의 넓이 + 파란색 삼각형의 넓이) × 높이

괄호 안에 있는 세 개 삼각형의 넓이를 더하면 오각형의 넓이가 되니까 오각기둥의 부피는 다음과 같습니다.

밑면오각형의 넓이 × 높이

아르키메데스가 들려주는 다면체 이야기

같은 방법을 사용하여 육각기둥이나 팔각기둥 역시 삼각기둥으로 잘라 보면 다음과 같이 부피를 구할 수 있다는 걸 알 수 있습니다.

$$밑면_{다각형}의 넓이 \times 높이$$

"선생님, 이 세상에는 다면체나 회전체가 아니라 돌처럼 울퉁불퉁하게 생긴 물건들도 많잖아요. 울퉁불퉁하게 생긴 돌도 입체도형일 텐데 이런 물건들의 부피는 어떻게 구하나요?"

돌과 같은 것의 부피는 사각기둥 모양의 물통과 물을 이용하면 간단하게 구할 수 있습니다.

여기에 가로, 세로, 높이가 각각 10cm, 10cm, 20cm인 사각기둥 모양의 물통과 돌이 있습니다.

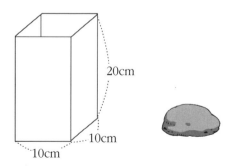

먼저 물통에 물을 10cm 높이로 붓습니다. 물의 부피는 다음과
같습니다.

$$10 \times 10 \times 10 = 1000 cm^3$$

여기에 돌을 넣어 보겠습니다. 물의 높이가 올라가는군요. 물
의 높이를 재 보니 10.8cm가 되었습니다. 돌의 부피를 구할 수
있겠습니까?

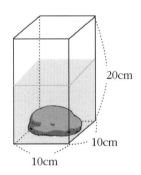

철오가 손을 번쩍 들었습니다. 아르키메데스가 고개를 끄덕이
자 철오는 힘차게 대답했습니다.

"물의 높이가 0.8cm 올라갔습니다. 올라간 높이만큼의 물의 부피가 바로 돌의 부피가 됩니다. 그러니까 $10 \times 10 \times 0.8 =$ $80cm^3$가 됩니다."

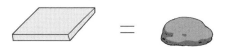

맞았습니다. 이렇게 하면 어떤 모양의 물건이라도 그 부피를 잴 수 있습니다. 그러고 보니 나는 옛날에 왕관의 부피를 쟀던 기억이 납니다. 방법을 알아낸 다음 얼마나 기뻤 ➊ 던지 벌거벗은 채로 거리로 뛰어나가 "유레카➊, 유레카!" 하고 외쳤지요.

유레카 그리스 말로 '발견했다'라는 뜻으로 아르키메데스의 순금 왕관 일화로 유명하다.

아르키메데스는 잠시 옛 기억을 더듬으며 입가에 미소를 지었습니다. '유레카'라는 말을 듣자 철오가 갑자기 생각난 듯 질문을 했습니다.

"'유레카'라고 외친 선생님의 일화는 너무나 유명해서 여기 있는 학생들 대부분이 그 이야기를 들어 보았을 정도입니다. 선생님은 그때 시라쿠사 왕의 왕관에 은이 섞였는지 아닌지 알아내는 방법을 찾기 위해 고민하고 계셨는데, 욕조에 몸을 담그고 있던 중 갑자기 떠오른 것으로 알려졌습니다. 구체적으로 어떤 방법을 떠올리셨고, 어떤 방법으로 왕관에 은이 섞였는지 여부를 알아내셨나요?"

그 이야기를 여러분들도 모두 들어 보았군요. 아, 그때는 정말 기뻤습니다. 내가 살고 있던 시라쿠사라는 나라의 왕이 어느 날 내게 이런 부탁을 하더군요.

"여보게 아르키메데스, 몇 달 전에 내가 우리나라에서 꽤나 유명한 금 세공업자에게 왕관을 만들어 달라고 순금과 함께 돈을 주었다네. 며칠 전 드디어 왕관을 만들어 왔더군. 멋진 왕관이었어. 그런데 이상한 소문이 도는 거야. 그 세공업자가 내가 준 금의 일부를 빼돌리고 대신 은을 섞어 만들었다고 말이야. 왕관을 녹여 보면 알겠지만, 그러면 왕관이 없어지니 안 되지. 왕관을 망가뜨리지 않고 은이 섞여 있는지 아닌지 알아보는 방법을 찾아 주게."

나는 여러 날 고민했지만 도무지 방법이 떠오르지 않았습니다. 그러다 피로도 풀 겸 따뜻한 물이 담긴 욕조에 몸을 담그고 편안한 마음으로 기대어 쉬고 있었습니다. 그런데 갑자기 아주 쉽고 멋진 생각이 떠올랐습니다. 바로 부피를 이용하는 것이었지요.

아르키메데스가 들려주는 다면체 이야기

여기에 순금으로 된 왕관과 금덩어리가 있습니다. 둘의 무게는 같습니다.

이 두 개를 조금 전과 같이 사각기둥 모양의 물통에 넣으면 물이 올라갑니다. 어느 쪽이 더 많이 올라갈까요?

"무게가 같다면 같은 양의 금이므로 물의 높이가 같겠지요."

그렇습니다. 만약 물통에 물을 가득 담고 왕관과 금덩어리를 각각 넣으면 물이 흘러넘치게 되고, 이때 흘러넘치는 물의 양은 같습니다.

이번에는 같은 무게의 금과 은이 있다고 합시다. 둘의 무게는 같습니다. 그런데 부피는 다릅니다. 무게가 같다면 은의 부피가 더 크답니다.

물을 가득 담은 물통에 금과 은을 넣으면 금을 넣었을 때보다 은을 넣었을 때 물이 더 많이 흘러넘치게 됩니다.

나는 욕조에 들어갈 때 물이 흘러넘치는 것을 보고, 같은 무게의 서로 다른 물질은 부피가 다르기 때문에 물속에 가라앉을 때 물이 흘러넘치는 양이 다르다는 사실을 깨달았습니다.

만약 왕관에 은이 섞여 있다면, 왕관을 물통에 넣었을 때 순금 덩어리를 넣었을 때보다 많은 양의 물이 흘러넘치게 됩니다. 이것을 이용하여 왕관에 은이 섞여 있는지 여부를 쉽게 알아낼 수 있었지요.

"이야, 정말 대단하군요!"

학생들은 모두 감탄하며 각기둥의 부피에 관한 수업을 마쳤습니다.

아르키메데스가 들려주는 다면체 이야기

세번째
수업 정리

1 각기둥의 부피

밑면의 넓이와 높이의 곱으로 구해집니다.

2 다면체가 아닌 일반적인 모양의 입체도형 부피는 물통에 넣어서 높이가 얼마나 올라가는지를 구하면 쉽게 알 수 있습니다.

각뿔과 그 부피

각뿔의 정의와 각뿔을 그리는 방법,
각뿔의 부피를 구하는 공식에 대해 알아봅니다.

1. 각뿔과 각뿔대의 수학적 정의를 이해합니다.
2. 각뿔의 부피를 구해 봅니다.

미리 알면 좋아요

1. 닮음비가 $a : b$인 두 평면도형의 '넓이 비'는 $a^2 : b^2$이고,
   닮음비가 $a : b$인 두 입체도형의 '부피 비'는 $a^3 : b^3$입니다.

2. 아래의 왼쪽에 있는 각뿔의 모서리를 2배 늘려서 오른쪽에 있는 도형을
   만들었다면 부피는 8배 커집니다.

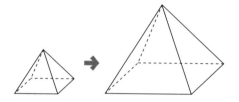

오늘은 뿔 모양의 다면체에 대해 공부해 보겠습니다. 우선 그
림부터 살펴봅시다.

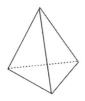 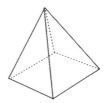

이 도형들의 특징은 무엇인가요?

아르키메데스가 칠판에 몇 개의 입체도형을 그린 후 질문을 하자 학생들은 다양하게 대답했습니다.

"뾰족한 모양이에요."

"밑면은 다각형이고, 위에는 점 하나로 되어 있어요."

더 이상 없나요? 그럼 이 도형들의 옆면을 보세요. 어떤 도형으로 되어 있죠?

"모두 삼각형으로 되어 있어요."

그렇습니다. 그렇다면 아래의 두 입체도형을 비교해 보겠습니다.

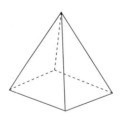 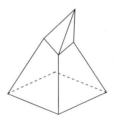

두 개의 도형을 살펴보면 밑면은 직사각형으로 같습니다. 그렇다면 두 도형의 차이는 무엇입니까?

아르키메데스가 들려주는 다면체 이야기

"왼쪽은 뿔 모양이 똑바로 되어 있지만, 오른쪽은 뿔 모양이 찌그러져 있습니다."

그렇지요. 오른쪽은 찌그러진 모양입니다. 뿔 모양의 도형이 찌그러졌다는 것을 수학을 써서 설명한다면 어떻게 표현할 수 있을까요?

"왼쪽의 사각뿔은 옆면이 모두 삼각형이지만, 오른쪽의 찌그러진 도형은 옆면이 삼각형과 사각형으로 되어 있습니다."

맞습니다. 똑바로 올라간 뿔 모양에서 변형이 생기면 옆면이 삼각형에서 다른 도형으로 변하게 되거나, 삼각형과 사각형으로 나뉘게 된답니다.

오늘은 각뿔의 부피를 구해 보려고 합니다.

"선생님, 그보다 먼저 각뿔을 쉽게 그리는 방법을 좀 가르쳐 주세요. 선생님처럼 입체도형을 잘 그리고 싶어요."

좋습니다. 입체도형은 많이 그려 볼수록 좋습니다. 그려 본 만큼 그 도형에 대해 더 자세히 알게 되기 때문이지요. 나도 도형 그림을 많이 그려 보았습니다.

"선생님은 시라쿠사에 로마군이 쳐들어왔을 때에도 마지막까지 도형을 그리고 계셨다면서요?"

로마군이 쳐들어온다!

영감은 뭐야?

물러서거라, 내 도형 망가진다!

뭐 이런 정신 나간 영감이 다 있어.

아르키메데스님!

이 영감이 그 유명한 아르키메데스였다니……

내 묘비에 입체도형을 그려 주시오.

그랬지요. 그럼 각뿔을 그리는 방법에 대해 설명해 보겠습니다.

우선 밑면이 되는 다각형을 납작하게 그려 줍니다.

오각형

육각형

팔각형

아르키메데스가 들려주는 다면체 이야기

다음에는 위쪽 적당한 곳에 한 점을 잡고, 아래에 있는 도형의 꼭지점과 연결해 주면 됩니다.

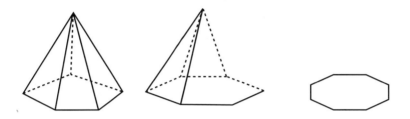

여기까지만 그려 볼 테니 나머지 부분은 여러분들이 완성해 보십시오.

자, 그럼 각뿔의 부피로 넘어가겠습니다. 지난 시간에 우리는 각기둥의 부피는 '밑면의 넓이×높이'라는 것을 배웠습니다.

각뿔의 부피를 구하기 전에 한 가지 실험을 해 보겠습니다.

여기 사각뿔과 사각기둥 모양의 물통이 있습니다. 두 물통의 높이는 같고, 입구인 사각형의 넓이도 같습니다. 두 물통에 물을 담으려고 합니다. 어느 쪽 물통에 더 많은 물을 담을 수 있을까요?

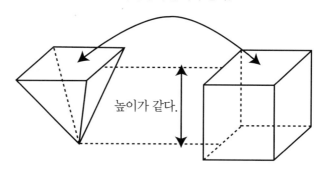

사각형의 넓이가 같다.

높이가 같다.

학생들은 한목소리로 사각기둥 모양 물통이라고 대답했습니다.

그렇습니다. 사각기둥 모양 물통에 더 많은 물을 담을 수 있습니다. 이번에는 사각뿔 모양 물통에 물을 담아 사각기둥 모양 물통에 옮겨 보겠습니다.

아르키메데스가 사각뿔 모양 물통에 물을 담아 사각기둥 모양 물통으로 옮겨 부을 때마다 학생들이 큰 소리로 세었습니다.

"한 번, 두 번, 세 번."

자, 이렇게 사각뿔 모양 물통에 물을 담아 3번 옮겨 부으면 사각기둥 모양 물통에 물이 가득 찹니다. 이 실험으로 우리는 사각뿔의 부피는 사각기둥 부피의 $\frac{1}{3}$이 된다는 것을 짐작할 수 있습니다.

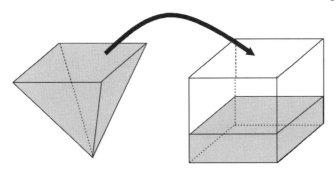

물을 부으면 기둥 높이의 $\frac{1}{3}$이 된다.

밑면과 높이가 같은 뿔 모양의 물통과 기둥 모양의 물통

"선생님, 정확히 3번인지 2.99번인지 혹은 3.1번인지 모르지 않나요? 가령 3번 옮겨 부었을 때 물이 아주 조금 모자란다든지, 아니면 물이 아주 조금 흘러넘칠 수도 있을 것 같은데요."

좋습니다. 일단 실험을 통해 우리는 각뿔의 부피는 다음과 같다는 것을 알 수 있었습니다.

$$\frac{1}{3} \times 각기둥의 \ 부피, \ 혹은$$
$$\frac{1}{3} \times 밑면_{다각형}의 \ 넓이 \times 높이$$

지금부터 우리는 각뿔의 부피 공식 앞에 $\frac{1}{3}$이 곱해지는 이유를 수학적으로 살펴보려고 합니다.

사각기둥 모양의 물통은 사각뿔 모양 물통의 몇 배일까요?

잘 모르겠는데요.

물을 직접 담아 보면 되겠지요.

정확히 3배군요.

선생님! 정확히 3배인가요?

2.99배이거나 3.1배일 수도 있잖아요.

그럼 정확히 3배임을 증명해 보도록 합시다.

우선 그림을 사용하여 우리가 증명하려는 것을 나타내 보겠습니다.

 + 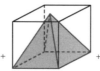 + =

아르키메데스가 들려주는 다면체 이야기

그림에서는 각뿔을 각기둥 안에 넣은 것으로 표현하였습니다. 각기둥 안에 각뿔을 그려 넣으면 두 도형은 밑면의 넓이가 같고, 높이가 같다는 것을 쉽게 나타낼 수 있기 때문입니다.

자, 그럼 각뿔의 부피는 각기둥 부피의 $\frac{1}{3}$이 된다는 것을 증명할 준비가 끝났으니 본격적으로 증명을 시작해 보겠습니다.

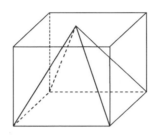

우선 사각기둥을 크기와 모양이 똑같은 8개의 직육면체로 자릅니다.

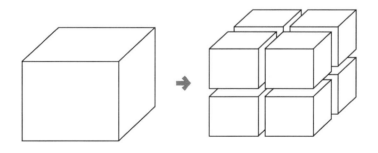

이번에는 사각기둥 안에 사각뿔을 그려 넣겠습니다.

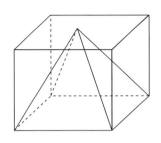 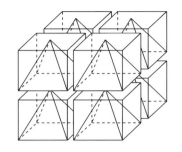

이 그림을 통해 작은 사각뿔 8개를 모으면 왼쪽에 있는 큰 사각뿔과 부피가 같음을 알 수 있습니다. 즉 오른쪽에 있는 작은 사각뿔 1개의 부피는 왼쪽 큰 사각뿔 부피의 $\frac{1}{8}$입니다.

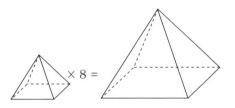

다음 단계로 넘어가겠습니다. 사각뿔의 높이가 $\frac{1}{2}$인 곳에서 평면으로 자른 다음 아래의 오른쪽 그림과 같이 잘라 줍니다.

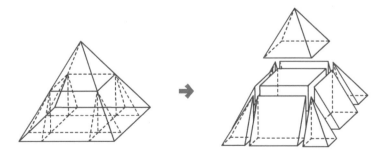

아르키메데스가 들려주는 다면체 이야기

이렇게 자른 조각을 종류별로 분류하면 다음과 같이 10개의 입체도형으로 잘립니다.

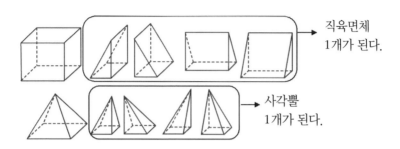

10개의 도형을 살펴봅시다. 그림에서 삼각기둥 4개를 합치면 직육면체 1개가 되고, 작은 사각뿔 조각 4개를 합치면 사각뿔이 나옵니다.

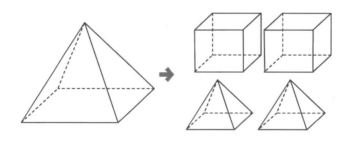

그러므로 큰 사각뿔은 작은 직육면체 2개와 작은 사각뿔 2개로 잘린다는 것을 알 수 있습니다.

오른쪽 작은 사각뿔의 부피는 왼쪽 큰 사각뿔 부피의 $\frac{1}{8}$입니다.
이것을 이용하여 그림을 식으로 나타내 보면 다음과 같습니다.

큰 사각뿔의 부피
=작은 직육면체의 부피×2+작은 사각뿔의 부피×2
=작은 직육면체의 부피×2+큰 사각뿔의 부피×$\frac{2}{8}$

양변에서 (큰 사각뿔의 부피 × $\frac{2}{8}$)를 빼 주면 다음과 같습니다.

큰 사각뿔의 부피 × $\frac{6}{8}$ = 작은 직육면체의 부피 × 2

또한 작은 직육면체는 앞에서 나온 사각뿔과 높이가 같은 사각
기둥 부피의 $\frac{1}{8}$입니다.

큰 사각뿔의 부피 × $\frac{6}{8}$ = 큰 사각기둥의 부피 × $\frac{2}{8}$

즉 다음과 같이 나타낼 수 있습니다.

아르키메데스가 들려주는 다면체 이야기

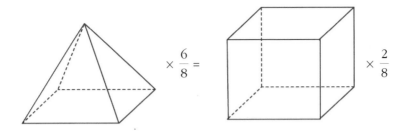

양변에 8을 곱하면 다음과 같습니다.

$$큰\ 사각뿔의\ 부피 \times 6 = 큰\ 사각기둥의\ 부피 \times 2$$

양변을 6으로 나누고 약분해 주면 다음과 같은 식을 얻을 수 있습니다.

$$사각뿔의\ 부피 = \frac{1}{3} \times 사각기둥의\ 부피$$

이렇게 해서 사각뿔의 부피는 사각기둥 부피의 $\frac{1}{3}$이 됩니다. 어떻습니까? 복잡하긴 해도 재미있죠?

학생들은 복잡하긴 해도 뿔의 부피가 기둥 부피의 $\frac{1}{3}$이 되는 이유를 자세히 알 수 있어서 좋았다고 했습니다.

이렇게 복잡한 증명을 이해하는 것도 중요하지만 수학을 보다 재미있게 공부하기 위해서는 간단한 만들기를 통해 직접 만져 보며 확인하는 것도 중요하답니다.

이번 수업 시간을 통해 우리는 각뿔의 부피는 각기둥 부피의 $\frac{1}{3}$이 된다는 것을 실험과 수학적 증명을 통해 알아보았습니다. 이 외에도 만들기를 통해 알아보는 방법이 있습니다.

또 다른 방법이 있다는 아르키메데스의 말에 학생들은 모두 놀라워했습니다.

바로 직접 만들어 보는 것입니다. 뿔 모양의 입체도형 3개를 만들어 보았더니 기둥 모양의 입체도형이 되었다면 뿔과 기둥의 부피 비는 1 : 3이 될 것입니다.

사각뿔은 다음과 같이 만듭니다. 우선 밑면은 한 변의 길이가 4cm인 정사각형으로 하고, 한 꼭지점에서 위로 올라가는 모양의 뿔입니다.

아르키메데스가 들려주는 다면체 이야기

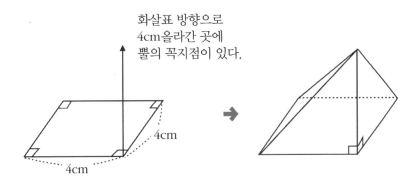

화살표 방향으로
4cm 올라간 곳에
뿔의 꼭지점이 있다.

4cm

4cm

　이런 뿔을 만들기 위해서는 먼저 전개도를 그려 주어야 합니
다. 전개도를 쉽게 그리기 위해서는 밑면의 정사각형부터 그려
줍니다.

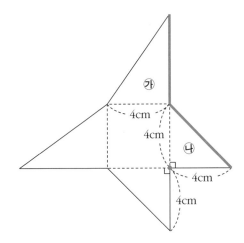

㉮

4cm

4cm

㉯

4cm

4cm

　정사각형의 네 변에 직각삼각형을 붙여 주면 전개도가 완성됩
니다. 직각삼각형 ㉮와 직각삼각형 ㉯에서 파란색으로 표시한
변의 길이는 같습니다. 전개도를 잘라 입체도형을 만들 때 맞붙

는 부분이기 때문입니다. 파란색 선분은 직각삼각형 ㉯를 실제로 그린 다음 자로 측정하면 됩니다. 약 5.7cm로 그려 주면 되겠군요. 여기서 주의할 사항은 다음과 같이 그리지 않도록 해야 한다는 것입니다. 정사각형에서 파란색으로 표시한 꼭지점의 위쪽에서 삼각형들이 모여야 하기 때문입니다.

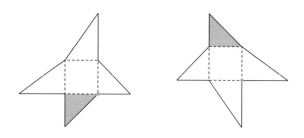

자, 그럼 여러분들이 직접 이러한 사각뿔 3개를 만들어 보십시오.

학생들은 아르키메데스가 알려 준 전개도를 그리고 오려서 사각뿔 3개를 만들었습니다.

잘 만들었습니다. 이제 이 사각뿔 3개를 붙여서 정육면체를 만들어 보세요.

아르키메데스가 들려주는 다면체 이야기

학생들은 3개의 사각뿔을 이리저리 붙여 보면서 여러 번의 시도 끝에 모두들 정육면체를 만들어 냈습니다. 그러고는 이런 방법으로 만들어진 정육면체가 신기하다는 듯이 쳐다보았습니다.

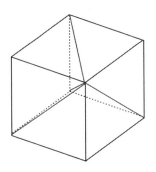

여러분들이 앞으로 수학을 공부하면서 많은 정리와 공식들을 알게 될 것입니다. 공식이라고 무조건 받아들이지 말고, 그것이 성립하는 이유에 대해 많은 관심을 가지세요. 그러면 수학의 참 매력을 느낄 수 있답니다.

학생들의 힘찬 대답이 교실 안에 울려 퍼졌습니다.

각뿔의 부피

$\dfrac{1}{3}$ × 각기둥의 부피, 혹은

$\dfrac{1}{3}$ × 밑면다각형의 넓이 × 높이

정다면체

정다면체가 되기 위한 조건과
정다면체가 5가지밖에 없는 이유를 알아봅니다.

1. 정다면체가 되기 위한 조건을 알아봅니다.

2. 정다면체가 5가지밖에 없는 이유를 이해합니다.

미리 알면 좋아요

1. **정다면체가 되기 위한 조건** 다음의 조건을 모두 만족해야 합니다.

   ① 모든 면이 똑같은 정다각형으로 되어 있다.

   ② 한 꼭지점에 모인 면의 개수가 같다.

2. **엇각기둥** 옆면이 모두 정삼각형으로 된 기둥을 만들 수 있는데, 이 도형을 엇각기둥이라고 합니다.

아르키메데스의
다섯 번째 수업

나를 포함한 대부분의 그리스 사람들에게 수학, 특히 기하학은

빼 놓을 수 없는 공부였습니다. 우리는 기하학을 통해 논리를 익

히기도 했지만 기하학적 도형에서 아름다움을 발

견하였습니다. 기하학에 등장하는 많은 입체도형

중에서 아름다운 모양을 꼽으라고 한다면 단연

돋보이는 것이 정다면체[2]입니다. 정다각형만을

 정다면체 정다각형만으로 만들어진 다면체이다. 완전 대칭 구조로, 어느 방향에서 보더라도 같은 모습을 가진 도형이다. 오직 5가지뿐이다.

사용하여 만들어지는 것도 그렇고, 완전한 대칭 구조로 어느 방향에서 보더라도 같은 모습을 가진 도형이 정다면체이기 때문입니다. 무엇보다 정확히 5가지뿐이라는 점도 신비감을 줍니다.

자, 그럼 정다면체의 세계로 들어가 보겠습니다.

아르키메데스는 칠판에 정다면체 그림을 그렸습니다. 학생들은 그림이 그려질 때마다 정사면체, 정육면체, 정팔면체, 정십이면체, 정이십면체의 이름을 큰 소리로 말했습니다.

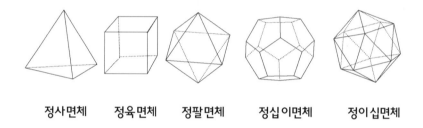

| 정사면체 | 정육면체 | 정팔면체 | 정십이면체 | 정이십면체 |

도형의 이름을 모두 잘 알고 있군요. 정다면체는 이렇게 5가지만 존재합니다.

만드는 재료를 가지고 분류해 보면 4개의 정삼각형으로 만들어지는 것이 정사면체, 8개의 정삼각형으로 만들어지는 것이 정팔면체, 20개의 정삼각형으로 만들어지는 것이 정이십면체입니다. 정사각형을 재료로 만들어지는 것은 정육면체 하나밖에 없

아르키메데스가 들려주는 다면체 이야기

고, 정오각형으로 만들어지는 것은 정십이면체밖에 없습니다.

우리 그리스의 수학자들은 여러분들이 태어나기 2000년 전에 이미 정다면체는 이렇게 5가지밖에 없음을 알고 있었습니다.

아르키메데스는 칠판에 정육각형과 정팔각형의 그림을 그렸습니다.

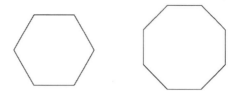

정육각형이나 정팔각형으로는 정다면체를 만들 수 없습니다. 이유는 무엇일까요?

앞으로 나가 칠판에 그림을 그려 설명해도 되겠느냐는 철오의 질문에 아르키메데스의 허락이 떨어지자 철오가 칠판에 그림을 그렸습니다.

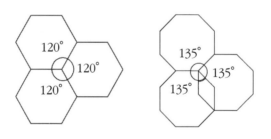

"그림을 그린 다음 정육각형을 3개 모으면 360°가 되어 평면이 되고, 정팔각형을 3개 모으면 405°가 되어 겹쳐지는 모양이 되어 입체도형을 만들 수 없습니다."

아주 잘 설명했습니다. 정다면체가 만들어지는 비밀을 멋지게

아르키메데스가 들려주는 다면체 이야기

설명해 준 이 학생의 설명을 조금 보충하자면, 입체도형을 만들기 위해서는 우선 3개의 평면이 있어야 합니다. 왜냐하면 그림과 같이 2개의 평면도형으로는 공간을 둘러쌀 수 없기 때문입니다.

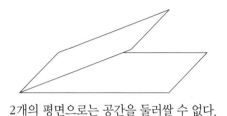

2개의 평면으로는 공간을 둘러쌀 수 없다.

또한 입체도형을 만들 때에는 한 꼭지점 주위로 360°보다 작은 각이 되도록 다각형이 모여 있어야만 입체도형을 만들 수 있습니다.

아르키메데스는 칠판을 지우고 정삼각형 4개가 붙은 그림을 그렸습니다.

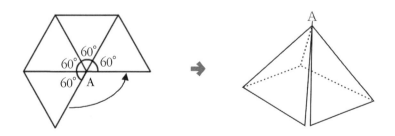

자, 이 그림을 보세요. 점 A 주변으로 정삼각형 4개가 붙어서 $60° \times 4 = 240°$의 각을 이루고 있습니다. 이때 화살표 방향으로 삼각형 2개를 붙여 주면 평면 위에 있던 4개의 삼각형은 뾰족한 모양으로 튀어 나와 입체도형을 이루게 됩니다.

한 점 주위로 도형이 모일 때, 각의 합이 360°보다 조금이라도 작아야 입체도형이 만들어질 수 있겠지요. 그런 이유로 해서 정육각형이 3개 모이면 360° 각을 이루게 되어 완전히 평면이 되어 버립니다. 결국 입체도형을 만들 수 없게 되지요. 또한 360° 보다 크다면 평면 위에 그릴 수조차 없게 된답니다.

"그럼, 어떤 점 주위로 정삼각형 6개가 모여도 입체도형을 만들 수 없겠군요."

"정오각형의 경우에도 한 점 주위로 3개만 모여야지 4개가 모이면 입체도형을 만들 수 없어요."

"정오각형보다 변의 개수가 많은 정다각형만으로는 입체도형을 만들 수 없겠네요."

그렇습니다. 아주 잘 말해 주었어요. 이제 우리가 함께 탐구했던 내용을 정리하면, 정다면체를 만들 수 있는 도형은 정삼각형, 정사각형, 정오각형, 3가지입니다.

한 점 주위로 모일 수 있는 것을 살펴보면 다음과 같습니다.

아르키메데스가 들려주는 다면체 이야기

아르키메데스는 칠판에 다음과 같이 적었습니다.

한 점 주위로 정삼각형이 3개 모이면 ⇒ 정사면체

정삼각형이 4개 모이면 ⇒ 정팔면체

정삼각형이 5개 모이면 ⇒ 정이십면체

정사각형이 3개 모이면 ⇒ 정육면체

정오각형이 3개 모이면 ⇒ 정십이면체

여기 적은 것 이외에 다른 도형을 사용하여 만들 수는 없습니다. 이런 이유로 해서 정다면체는 5가지뿐입니다. 정다면체에 대해 조금 더 깊이 있게 살펴보기 위해 늦었지만 정다면체에 대한 정의를 내려 보도록 하겠습니다.

정다면체의 조건
① 모든 면이 똑같은 정다각형만으로 되어 있다.
② 한 꼭지점에 모인 면의 개수가 같다.

첫 번째 조건은 당연해 보입니다. 모든 면이 같아야지 다른 모양의 면으로 되어 있다면 정다면체라 할 수 없기 때문입니다. 그런데 두 번째 조건은 왜 달았을까요?

학생들은 미처 생각해 보지 못했다는 듯 아무 말도 하지 않았습니다.

너무 조용하군요. 그렇다면 다음과 같은 도형을 생각해 봅시다.

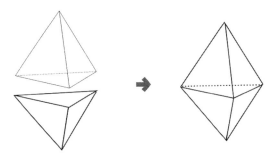

정사면체 2개를 면과 면이 꼭 맞게 붙여 놓은 것입니다. 이 도형은 6개의 면으로 되어 있고, 그 6개의 면이 모두 정삼각형입니다. 이 도형도 정육면체가 되어야 하지 않을까요?

그러니까 '정다면체는 우리가 살펴본 5가지에다 이것까지 해서 모두 6가지이고, 정육면체는 주사위 모양과 이런 모양의 2가지가 있다고 해야 하지 않겠냐고 질문한다면 여러분들은 어떻게 대답하겠습니까?

잠시 웅성웅성하더니 몇몇 학생들의 대답이 이어졌습니다.

"그 주장이 옳은 것 같습니다. 정육면체는 2가지라고 해야 할
것 같아요."

"맞습니다."

"제 생각에는 아닌 것 같습니다. 저 도형은 꼭지점마다 모인
삼각형의 개수가 달라요."

이 말에 아르키메데스는 미소를 지으며 설명을 이어갔습니다.

그렇습니다. 이 도형을 살펴보면 3개의 삼각형이 모인 꼭지점
과 4개의 삼각형이 모인 꼭지점이 있습니다.

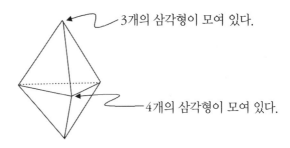

결국 이 도형은 '한 꼭지점에 모인 면의 개수가 같아야 한다'

라는 정다면체의 조건 ②를 만족하지 않습니다. 그러니까 정다면체가 아닙니다. 그렇다면 왜 '한 꼭지점에 모인 면의 개수가 같아야 한다'는 조건을 넣었을까요? 그냥 '정다면체란 정다각형만으로 되어 있는 입체도형이다'라고만 한다면 이 도형도 당당히 정다면체가 될 수 있을 텐데 말입니다. 정다면체의 조건 ②는 마치 이 도형을 정다면체의 모임에서 제외시키기 위해 만들어진 조건 같지 않습니까?

이어지는 아르키메데스의 설명에도 학생들은 고민만 할 뿐 시원한 답을 찾지 못했습니다.

정사면체 2개를 붙여 만든 이 도형의 위에서 본 모양과 옆에서 본 모양을 그려 보겠습니다.

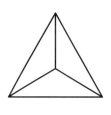

위에서 본 모양   **옆에서 본 모양**

아르키메데스가 들려주는 다면체 이야기

자, 어떻습니까? 두 모양이 완전히 다르죠? 이와 같이 보는 방향에 따라 모양이 다르다면 정다면체라 할 수 없습니다. 정다면체란 보는 방향에 관계없이 같은 모양인 대칭 구조를 가진 도형이니까요.

'어느 방향에서 보더라도 그 모양이 같다' 는 것을 수학적으로 설명하려면 어떻게 할까요?

"꼭지점에 모인 면의 개수가 다르면 보이는 모양이 달라지겠군요. 그러니까 '꼭지점에 모인 면의 개수가 같아야 한다' 는 말로 해 주면 될 것 같습니다."

그렇습니다. 아주 잘 설명해 주었습니다.

자, 그럼 이제 정다면체가 무엇인지 알아보았으니 문을 조금 더 열고 들어가 정다면체의 세계를 살펴보겠습니다.

모든 입체도형이 그렇지만 특히 정다면체는 직접 만들어 보아야 그 모양과 감추어진 수학적 비밀을 올바르게 알 수 있습니다.

"정다면체를 쉽게 만들 수 있나요? 저는 주사위밖에 만들어 보지 못했는데요."

정다면체의 특징만 잘 살펴본다면 쉽게 만들 수 있습니다.

정다면체를 만들기 위해서는 우선 전개도를 그려야 합니다. 정사면체의 전개도와 정육면체의 전개도는 두 번째 수업에서 살펴보았으니 이번에는 정팔면체의 전개도를 그려 보겠습니다. 만들기 전에 우선 정팔면체가 어떤 모양인지 살펴봅시다. 그림을 잘보고 설명해 보세요. 정팔면체는 어떤 모양입니까?

아르키메데스가 들려주는 다면체 이야기

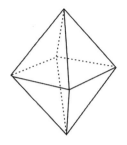

"사각뿔 2개를 아래위로 붙인 모양이에요."

잘 보았습니다. 그럼 지금 관찰한 것을 기초로 하여 전개도를 만들어 보겠습니다.

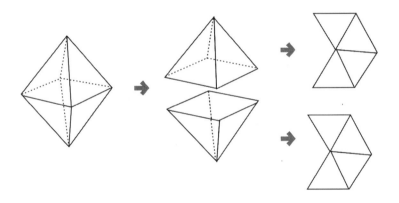

정사각뿔의 전개도 2개를 붙여 주면 됩니다. 물론 정사각뿔의 밑면인 정사각형은 그리면 안 되지요.

정팔면체를 다른 모양으로 파악한다면 전개도는 또 다른 모양으로 그릴 수 있습니다.

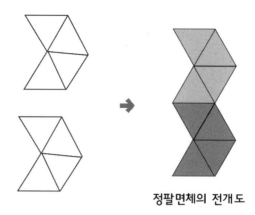

정팔면체의 전개도

　보통 정팔면체 그림은 사각뿔을 2개 붙인 모양으로 그려집니다. 이렇게 그리는 것이 정팔면체라는 입체도형을 종이 평면에 그릴 때 가장 편리하기 때문입니다. 그렇지만 정팔면체를 직접 만들어서 책상 위에 올려 보면 새로운 모습을 발견하게 된답니다.

　자, 그럼 정팔면체를 직접 관찰해 볼까요?

　아르키메데스는 자석 구슬과 막대로 된 교구를 이용하여 정팔면체를 만든 다음 교탁 위에 올려놓았습니다.

아르키메데스가 들려주는 다면체 이야기

정팔면체는 윗면과 아랫면이 정삼각형이고, 옆면이 정삼각형 6개로 이루어진 모양을 하고 있습니다. 이런 분석을 토대로 전개도를 만들어 보겠습니다.

먼저 옆면을 이루는 정삼각형 6개를 나란히 붙이겠습니다.

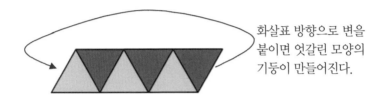

화살표 방향으로 변을 붙이면 엇갈린 모양의 기둥이 만들어진다.

이제 위와 아래에 각각 정삼각형 1개씩을 붙여 주면 됩니다. 물론 붙이는 위치에 따라 다양한 모양의 전개도가 나오겠지요.

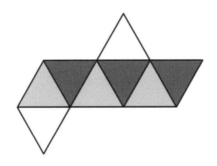

정팔면체의 전개도가 간단하게 완성되자 여기저기에서 학생들의 이야기가 나왔습니다.

"입체도형을 분석하는 방법에 따라 전개도가 만들어지는 모양이 달라질 수 있군요."

정팔면체를 통해 우리는 새로운 모양의 기둥을 발견하게 됩니다. 혹시 엇각기둥이라고 들어 보았나요?

학생들은 처음 들어 보는지 아무런 대답이 없었습니다.

보통 각기둥은 옆면이 직사각형입니다. 그런데 삼각형으로도 각이 있는 기둥을 만들 수 있습니다. 오른쪽 그림을 보세요.

이런 기둥 모양의 도형은 정삼각형을 아래위로 번갈아 가며 이어 붙이면 만들 수 있답니다.

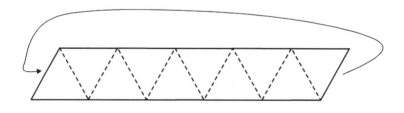

아르키메데스가 들려주는 다면체 이야기

그림대로 오린 다음 점선을 따라 접고 끝을 붙여 주면 됩니다.
이렇게 만들어진 기둥을 엇각기둥[3]이라고 부르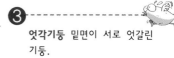
지요. 엇각기둥의 바닥 면은 어떤 모양일까요?

엇각기둥 밑면이 서로 엇갈린 기둥.

"정오각형이 만들어져요."

그렇습니다. 아래쪽에 있는 5개 삼각형의 변들이 오각형의 모서리를 만들어 줍니다.

각기둥을 만들 때와 차이를 살펴보겠습니다. 오각형 2개를 아래 윗면으로 하는 각기둥의 경우에는 오각형을 나란히 일치하도록 만들어 줍니다. 그리고 그 사이를 직사각형으로 채워 주면 됩니다. 반면에 엇각기둥은 아래의 정오각형과 윗면을 만드는 정오각형을 180° 반대가 되도록 만들어 줍니다.

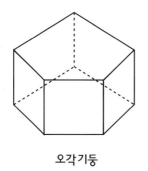

오각기둥

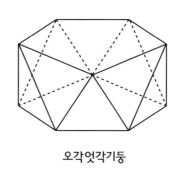

오각엇각기둥

윗면과 아랫면이 어긋나 있으니 옆면을 사각형으로 채워 줄 수 없게 됩니다. 따라서 자연스럽게 삼각형이 되지요. 여러분들에게 익숙한 정팔면체가 바로 엇각기둥 중 하나입니다.

다음은 정이십면체의 전개도입니다. 만들기 전에 정이십면체가 어떻게 만들어지는지 살펴보아야 전개도를 제대로 만들 수 있습니다. 정오각뿔 2개와 엇각기둥을 만든 다음 엇각기둥의 아래위에 정오각뿔을 붙여 주면 정이십면체가 완성됩니다.

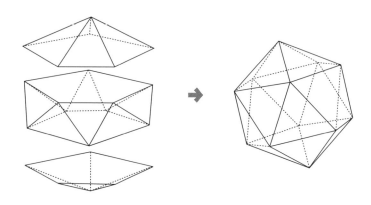

정삼각형 20개를 붙여서 이렇게 만듭니다.

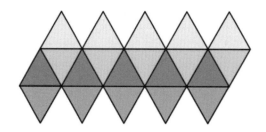

아르키메데스가 들려주는 다면체 이야기

아르키메데스가 정이십면체의 전개도를 보여 주자 학생들의 반응이 금방 나타났습니다.

"너무 복잡해요."

전개도가 어렵게 느껴지는 이유는 만들고자 하는 입체도형의 모양에 대해 막연하게 알고 있기 때문입니다. 정이십면체의 전개도도 마찬가지지요. 정이십면체를 이렇게 자릅니다.

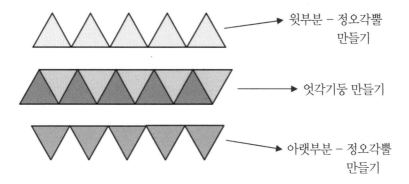

이와 같이 만들고자 하는 입체도형의 모양을 정확히 이해하고, 만들어지는 형태에 충실하게 따라 준다면 전개도는 쉽게 만들 수 있답니다.

"그래도 정십이면체와 같이 정오각형들이 붙어 있는 전개도를 그리는 것은 너무 번거로워요."

자, 그럼 이번 수업의 마지막 작업으로 정십이면체의 전개도를 그려 보겠습니다.

우선 정오각형을 하나 그립니다. 그리고 정오각형의 대각선을 그려 줍니다.

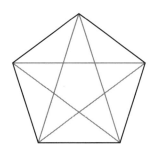 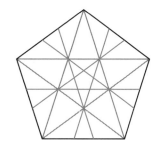

이때 가운데에는 작은 정오각형이 만들어집니다. 이 작은 정오각형의 대각선도 연장해서 그려 줍니다. 이렇게 그려 주면 작은 정오각형이 모두 6개 만들어집니다. 이것만 남겨 두고 나머지는 잘라 줍니다.

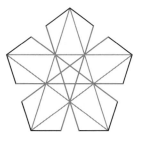

잘린 부분을 서로 이어 주면 그릇 모양이 됩니다. 이것을 2개 만들어 아래위로 붙여 주면 정십이면체가 됩니다.

이와 같이 입체도형의 전개도를 그려 보는 것은 입체도형을 보다 잘 이해하기 위한 아주 효과적인 방법이 됩니다.

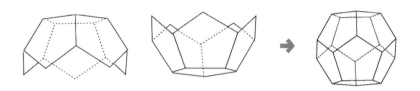

∴다섯번째
수업 정리

1 정다면체

정사면체, 정육면체, 정팔면체, 정십이면체, 정이십면체, 5가지밖에 없습니다.

2 정다면체의 조건

한 꼭지점에 모인 면의 개수가 같다는 조건은 어느 방향에서 보더라도 입체도형의 모양이 같다는 것을 의미합니다.

3 정이십면체 만들기

10개의 정삼각형을 이어 붙여서 엇각기둥을 만든 다음 엇각기둥 아래위에 정오각뿔을 붙여 주면 정이십면체가 완성됩니다.

정다면체의 신비

'플라톤의 다면체'라 불리는 5개의 다면체에 대해 알아
보고, 정이십면체를 이용하여 돔을 만들어 봅니다.

1. 정다면체를 규칙적으로 자르거나 중심을 연결하면 다른 정다면체를 만들 수 있음을 알 수 있습니다.

2. 정이십면체를 이용하여 돔을 만드는 방법을 이해할 수 있습니다.

미리 알면 좋아요

1. **플라톤** Platon, B.C.428 ~ B.C.348 고대 그리스 시대의 철학자. 플라톤은 아름다움이란 컴퍼스나 자로부터 탄생되는 기하학의 아름다움이라고 주장하였습니다. 그는 정다면체는 주위와의 관계에서가 아니라 그 자체로 아름다움을 간직하고 있다고 했으며, 자신의 책을 통해 우주의 모든 것이 정다면체에 의해 구성된다고 말하고 있습니다. 이것이 정다면체를 '플라톤의 다면체 Platonic Solids'라고 부르는 이유입니다.

2. 건물의 천장을 둥글게 만든 것을 돔이라고 하는데, 정이십면체 또는 그 변형된 모양으로 만들 수 있습니다.

아르키메데스의
여섯 번째 수업

지금으로부터 2000여 년 전 그리스 사회에서는 토론을 즐겨
하고 논리를 중요하게 여겼습니다. 그러한 사회적인 분위기 때
문에 수학은 시민들의 필수 교양 과목이었습니다. 다면체에 대
해서도 많은 연구와 분석이 진행되었지요.

여러분들 가운데 혹시 눈금 없는 자와 컴퍼스만을 사용한 정오
각형의 작도법을 처음으로 알아낸 사람이 누구였는지 알고 있는

사람 있나요?

"피타고라스 아닌가요?"

그렇습니다. 그리스 수학의 최고봉인 피타고라스 혹은 피타고라스학파의 수학자들이 처음으로 정오각형의 작도법을 알아냈습니다. 정오각형 12개로 이루어진 정십이면체 역시 피타고라스학파에서 발견하였습니다.

지난 수업에서 그리스 수학자들이 정다면체는 5가지뿐임을 알아냈다고 말했지요? 그런데 그리스 수학자들은 단순히 정다면체를 발견한 것에 그치지 않았습니다. 그들은 정다면체의 기하학적 구조를 연구하고 그 아름다움에 빠졌지요. 가장 완벽한 기하적인 구조와 아름다움을 간직한 도형이 바로 정다면체라고 생각했습니다. 특히 그런 정다면체가 5가지뿐이라는 것은 우주의 신비와도 결부된다고 믿었지요.

고대 그리스에 살았던 사람들은 이 세상이 물, 불, 흙, 공기의 네 원소로 이루어졌다고 믿었습니다. 플라톤이라는 수학자는 물, 불, 흙, 공기 그리고 우주를 그 이미지에 따라 5개의 정다면체와 결부시켰습니다. 여러분들도 한번 연결시켜 보십시오.

아르키메데스가 들려주는 다면체 이야기

불 : 가장 날카롭고 가볍다.	•	•	
흙 : 가장 안정되어 있다.	•	•	
물 : 공처럼 잘 굴러간다.	•	•	
공기 : 손가락으로 잡고 후 불면 잘 돌아간다.	•	•	
우주 : 1년은 12달, 12는 특별한 의미이다.	•	•	

학생들은 왼쪽의 물질과 오른쪽의 도형을 번갈아 쳐다보며 연관 지어 보았습니다.

철오는 아르키메데스의 허락을 받은 후 칠판 앞에 서서 굵은 선을 그려 연결시켰습니다.

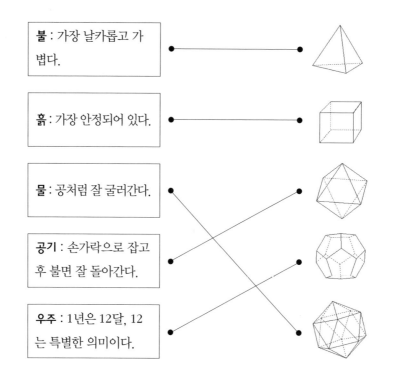

| 불 : 가장 날카롭고 가볍다. | 흙 : 가장 안정되어 있다. | 물 : 공처럼 잘 굴러간다. | 공기 : 손가락으로 잡고 후 불면 잘 돌아간다. | 우주 : 1년은 12달, 12는 특별한 의미이다. |

아주 잘했습니다. 플라톤은 가장 가볍고 날카로운 원소인 불을 정사면체에 대응시켰습니다. 그리고 네 원소 중 가장 안정된 원소인 흙은 정육면체에 대응시키는 것이 제격이겠지요. 플라톤은 구에 가장 가까운 모양을 가진 정이십면체를 잘 흘러가는 물에 대응시켰습니다. 공기는 정팔면체에 대응시켰습니다. 사각뿔 2개를 붙인 모양을 하고 있는 정팔면체는 엄지와 검지로 양쪽 꼭지점을 잡고 입으로 불면 잘 돌아갈 것 같기 때문입니다.

마지막으로 오각형 12개가 모여서 만들어지는 정십이면체는 우주의 신비를 담고 있다고 생각하였습니다. 1년은 12달이고, 또한 당시의 천문학에서 12라는 숫자는 매우 의미 있는 숫자였기 때문입니다. 그래서 플라톤은 정십이면체를 우주에 대응시켰습니다.

이런 이유로 5개의 정다면체를 플라톤의 다면체라고 부르게 되었습니다.

아르키메데스의 설명을 묵묵히 듣고 있던 미라가 자신의 생각을 이야기했습니다.

"단순히 모양만을 가지고 물, 불, 흙, 공기, 우주에 대응시킨 것은 이름표를 붙인 것에 불과합니다. 과학적으로 물과 정이십면체는 아무런 연관이 없다고 생각하는데요."

단순히 대응시켰다는 것만 보면 그렇게 생각될 것입니다. 그러나 당시의 그리스 사람들은 정다면체에 숨겨진 많은 비밀을 알아냈고, 하나하나 비밀이 밝혀질 때마다 정다면체의 경이로운 신비에 매료되었습니다.

자, 그럼 정다면체 안에는 어떤 신비로운 현상이 숨어 있는지 살펴보겠습니다.

여기 정사면체가 있습니다. 정사면체 모서리의 중점을 연결하여 평면으로 잘라 냅니다.

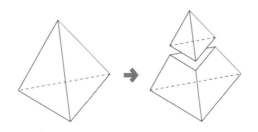

다른 방향에서도 모서리의 가운데 점을 연결하는 평면으로 잘라 냅니다. 꼭지점을 기준으로 잘라 내므로 모두 4번을 자르게 됩니다.

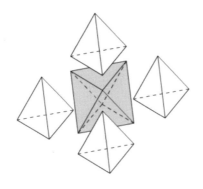

이렇게 잘라 내고 남은 도형은 정팔면체입니다. 정사면체 안에 숨겨진 정팔면체를 찾아낸 것입니다.

정팔면체는 정육면체에서도 찾아낼 수 있습니다. 정육면체의 면, 그러니까 정사각형의 중심을 이어 주면 그림과 같이 정팔면체가 나옵니다.

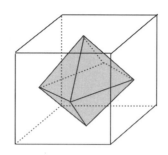

이번에는 반대로 정팔면체의 겉면인 정삼각형의 중심을 연결해 주면 반대로 정육면체가 나옵니다. 이와 같이 정육면체는 그 안에 정팔면체를 품고 있고, 정팔면체는 그 안에 정육면체를 품고 있습니다.

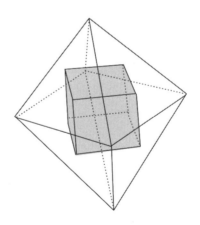

아르키메데스가 들려주는 다면체 이야기

그리스의 철학자 데모클리토스는 세상은 '원자'라는 아주 작은 물질들로 이루어져 있다고 주장했습니다. 나와 데모클리토스가 살았던 고대 그리스 시대에 원자를 직접 본다는 것은 불가능한 일이었습니다. 오랜 세월이 흐르고 과학이 발전한 다음에나 가능한 일이었지요. 데모클리토스는 자신의 철학적인 견해와 추측만으로 '원자'라는 것에 대해 이야기했습니다. 그 이면에는 정육면체 안에 정팔면체가 있고, 정팔면체 안에 다시 정육면체가 있는 기하학적 구조를 탐구했던 그리스 시대의 수학이 있었습니다.

그리고 세월이 흘러 과학이 발전하면서 물질의 구조 속에 정다면체가 실제로 등장하게 됩니다. 여러분, 혹시 NaCl이 무엇인지 들어 보았나요?

"화학식인가요? 화학식이라면 염화나트륨, 그러니까 소금을 의미합니다."

그렇습니다. 바로 우리의 생활에서 없어서는 안 될 소금입니다. 소금은 이온 상태인 나트륨 이온Na^+과 염소 이온Cl^-이 다닥다닥 붙어서 만들어진 모양의 결정이랍니다. 염소 이온과 나트륨 이온은 서로 미치는 힘에 따라 적당한 거리를 유지하는데, 바로 이러한 소금$NaCl$의 분자 구조 안에서 정다면체를 발견할 수 있습니다. 그림으로 나타내면 다음과 같이 정육면체의 꼭지점에 원소들이 배치된 모양이 됩니다.

아르키메데스가 들려주는 다면체 이야기

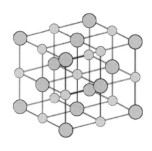

그림에서 큰 구는 나트륨 이온Na+을 나타내고, 작은 구는 염소 이온Cl-을 나타냅니다. 그림에서 보듯 염소 이온 1개 주위에는 6개의 나트륨 이온이 이웃해 있고, 나트륨 이온 1개 주위에는 6개의 염소 이온이 이웃해 있는 형태를 하고 있습니다.

마치 정육면체를 쌓아 놓은 정글짐 모양을 하고 있지요. 여기에서 하늘색 나트륨 이온 주위에 연결된 6개의 염소 이온 그림만 따로 떼어 내면 정사각뿔이 아래위로 붙어 있는 정팔면체 모양의 구조를 발견할 수 있습니다.

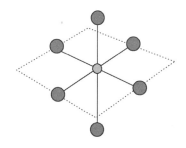

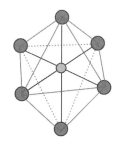

학생들이 "와" 하고 탄성을 지르자, 철오가 웃으며 말했습니다.

"설마 데모클리토스가 이 사실을 알고 있었던 것은 아니 겠죠?"

하하하, 물론입니다.

자, 그럼 정다면체의 신비 속으로 조금 더 들어가 보겠습니다.

아르키메데스는 칠판에 다음과 같이 적었습니다.

	정육면체		정팔면체
면의 개수	6	←→	8
꼭지점의 개수	8	←→	6
모서리의 개수	12	←→	12

정육면체와 정팔면체 사이에 숨겨진 이러한 관계는 정십이면 체와 정이십면체에서도 발견할 수 있습니다.

	정십이면체		정이십면체
면의 개수	12	←→	20

꼭지점의 개수	20 ← → 12
모서리의 개수	30 ← → 30

이렇게 한 도형 안에 있는 완전히 다른 모양의 도형이 자신을 둘러싼 도형의 성질을 반영해 주는 것! 그리스 사람들은 이런 현상을 단순한 우연이 아니라 우주의 질서, 혹은 세상을 감싸는 오묘한 조화라고 생각했던 것입니다. 그러니까 자연스럽게 세상을 이루고 있는 원소들에 정다면체를 대응시키려는 생각을 하게 된 것이지요.

미라는 그리스 시대와 비교하여 과학이 엄청나게 발전한 현대에는 정다면체가 어떻게 이용되고 있는지 궁금해졌습니다.

"선생님, 현대에 정다면체가 이용되는 예를 하나 들어 주시겠어요?"

좋습니다. 혹시 '돔' 이라고 들어 보았나요?

"지붕이 덮인 야구장이나 축구장 같은 건물 말인가요?"

그렇습니다. 건물의 천장을 둥글게 만든 것을 돔이라고 합니다. 체육관이나 전시관처럼 넓은 공간을 필요로 하지만 기둥을 세우면 곤란한 건축물에 많이 이용되지요. 가장 간단한 돔은 정이십면체를 이용합니다.

5개의 정다면체 중 어느 것이 가장 구에 가까울 것 같습니까?

정다면체에 대해 많이 익숙해졌는지 아르키메데스의 질문이 떨어지기 무섭게 학생들의 답이 들렸습니다.

아르키메데스가 들려주는 다면체 이야기

"정이십면체요."

그렇습니다. 정이십면체가 구에 가장 가깝습니다.

자, 그럼 정이십면체를 이용하여 간단한 돔을 만들어 보겠습니다. 돔을 만들기 전에 우선 정이십면체를 잘라 보겠습니다.

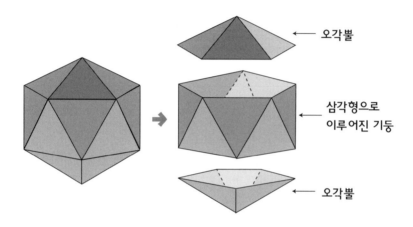

정이십면체는 그림과 같이 삼각형 10개로 이루어진 기둥 모양과 2개의 오각뿔을 붙여서 만듭니다. 이중에서 아래의 오각뿔은 제외하고 기둥과 위의 오각뿔을 붙이겠습니다.

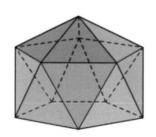

"와, 마치 텐트처럼 생겼네요."

그렇습니다. 제법 튼튼한 텐트입니다. 이 모양이 튼튼한 이유는 모든 면이 삼각형으로 이루어져 있기 때문입니다. 삼각형은 변이 휘어지거나 부러지지 않는 한 변형이 일어나지 않습니다. 하지만 사각형은 조금만 힘을 주어도 쉽게 변형이 됩니다. 철사로 만든 정사각형을 살짝 눌러 주면 마름모로 변하지요.

정사각형에 힘을 가하면 변의 길이가 같은 마름모로 변형된다.

우리는 구에 비교적 가까운 정이십면체를 사용했습니다. 구에 가까울수록 힘이 모든 부분에 골고루 분산되기 때문에 튼튼합니다. 우리가 만든 텐트 모양의 건물을 보다 구에 가깝게 하기 위해서 각 면에 작은 삼각뿔을 붙여 줍니다.

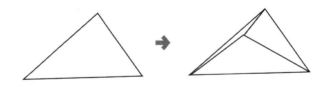

삼각형의 각 면 위에 삼각뿔을 붙여 준다.

아르키메데스가 들려주는 다면체 이야기

이때 삼각뿔의 각 면은 직각이등변삼각형이 되게 만듭니다.

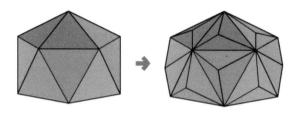

이렇게 만들면 평편하던 정삼각형이 바깥쪽으로 살짝 튀어나와 구에 더 가까운 모양으로 변하게 됩니다. 만약 짓고자 하는 건물의 규모가 아주 크다면 지붕의 재료로 사용되는 삼각형 역시 매우 클 수밖에 없습니다. 그래서 삼각형을 다음과 같이 작게 잘라 줍니다.

그런 다음, 작은 삼각형에다 각각 삼각뿔을 붙여 주면서 바깥쪽으로 밀어 주면 멋진 돔이 완성됩니다. 이런 방법으로 지어진 건물은 대전에 있는 국립중앙과학관에서 찾아볼 수 있습니다.

① 정육면체 각 면의 중심을 연결하면 정팔면체를 만들 수 있고, 정팔면체 각 면의 중심을 연결하면 정육면체가 만들어집니다.

② 정십이면체와 정이십면체 사이에는 꼭지점의 개수, 면의 개수가 서로 교차되는 성질이 있습니다.

③ 정이십면체의 면을 이루는 정삼각형을 작은 정삼각형들로 잘라 준 다음 바깥 쪽으로 밀어 주면 돔 모양의 건축물을 만들 수 있습니다.

아르키메데스의 다면체

정다면체와 준정다면체의 차이점을 이해하고,

준정다면체가 되기 위한 조건, 만드는 방법에 대해 알아

봅니다.

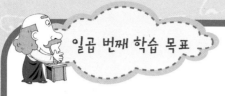

1. 정다면체와 준정다면체의 차이점을 이해합니다.

2. 준정다면체가 되기 위한 조건을 알아보고, 준정다면체를 만드는 다양한
   방법을 이해합니다.

미리 알면 좋아요

아르키메데스의 다면체 그 이름에서 알 수 있듯이 고대 그리스 수학자 아르
키메데스에 의해 처음으로 발견된 입체도형입니다. 그러나 그가 발견했다고
만 알려져 왔을 뿐 구체적인 모양은 알 수 없었는데, 1619년 케플러1571~
1630, 독일의 천문학자, 수학자에 의해 13가지의 모양이 모두 밝혀지게 되었습니
다.

각 면이 정다각형으로 이루어져 있다는 점에서는 정다면체와 차이가 없으나,
정다각형의 종류가 2가지 이상이라는 점에서는 차이가 있습니다.

일곱 번째 강의는 철오의 질문과 함께 시작되었습니다.

"아르키메데스 선생님, 선생님의 이름이 붙여진 다면체가 있다고 하던데 사실인가요?"

네, 그렇습니다. 어떻게 알았죠? 그럼 오늘은 내 이름이 붙은 다면체들에 대해서 이야기해 보도록 하겠습니다.

지난 두 번의 수업에서 우리는 정다면체에 대해 공부했습니다. 정다면체가 되려면 두 가지 조건을 만족해야 합니다.

① 모든 면이 같은 정다각형으로 되어 있다.
② 모든 꼭지점에 모인 면의 개수가 같다.

여기에서 두 번째 조건이 의미하는 것은 꼭지점을 기준으로 볼 때, 어느 방향에서 보나 그 모양이 같다는 것을 의미한다고 말했던 것 기억하고 있겠지요? 보는 방향에 관계없이 항상 같은 모양이어야 한다는 관점에서 보면 오히려 첫 번째 조건보다 두 번째 조건이 더 중요할 수도 있습니다.

나는 두 번째 조건을 만족하고 첫 번째 조건을 조금 완화하면 어떤 모양의 도형이 나오는지 조사했습니다. 즉 다음과 같은 조건을 만족하도록 만들어 보았습니다.

① 1가지가 아니라 2가지, 혹은 3가지 이상의 정다각형을 이용한다.
② 모든 꼭지점에 같은 방식으로 도형이 모여 있어야 한다.

이 두 조건을 만족하는 도형은 정다각형보다는 조건이 조금 완화된 도형이어서 **준정다면체**라고 부릅니다. 다음은 이렇게 만든 도형 중 하나입니다.

아르키메데스는 칠판에 도형의 그림을 붙였습니다. 학생들은 이 그림을 보자 모두들 한목소리로 외쳤습니다.

"축구공이다!"

그렇습니다. 후에 축구공으로 활용된 도형입니다. 이 도형을 보면 다음과 같은 조건을 만족합니다.

① 정오각형과 정육각형, 2가지 도형을 이용하여 만들어졌다.
② 모든 꼭지점에 정오각형 1개와 정육각형 2개가 모여 있다.

이것은 대표적인 준정다면체입니다. 이런 조건을 만족하는 도형 중에 떠오르는 것이 있나요?

아르키메데스의 질문을 받자 몇몇 학생들은 종이에 이런저런 입체도형을 그려 보며 생각에 빠졌습니다. 잠시 후 미라가 찾았다고 소리치며 힘차게 손을 들었습니다. 미라는 아르키메데스 선생님에게 종이에 그린 그림을 보여 주며 말했습니다.

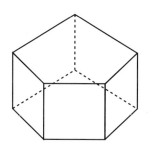

"정오각형 2개를 아래위로 나란히 놓고, 옆면을 정사각형으로 만든 정오각기둥을 그려 보았습니다. 정오각기둥은 정사각형과 정오각형으로만 만들어지는 도형입니다. 이때 모든 꼭지점에서는 2개의 정사각형과 1개의 정오각형이 모이게 됩니다. 그러니까 선생님께서 말씀하신 바로 그 도형입니다. 뿐만 아니라 정육각기둥이나 정팔각기둥, 정십각기둥 등 정다각형을 아래위로 놓고 정사각형을 옆면으로 만든 각기둥은 항상 정다각형으로만 만들어지고, 모든 꼭지점에서 모이는 도형의 개수가 같은 성질을 만족하게 됩니다."

아르키메데스가 들려주는 다면체 이야기

아주 잘 찾았습니다. 정다각기둥뿐만 아니라 옆면을 정삼각형으로 만드는 엇각기둥도 같은 성질을 갖습니다.

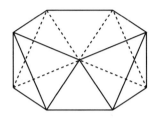

정오각형을 아래위로 놓고 만든 엇각기둥도 모든 꼭지점에서 정오각형 1개와 정삼각형 3개가 만나는 도형이 됩니다.

정다각기둥과 정엇각기둥은 모두 정다각형만으로 만들어지고, 모든 꼭지점에서 모이는 도형의 모양과 개수가 같습니다. 그런데 아래 윗면의 모양이 정사각형, 정오각형, 정육각형, 정팔각형 등으로 무수히 많습니다. 그래서 나는 각기둥이나 엇각기둥을 제외한 상태에서 준정다면체가 모두 몇 개인지 조사해 보았습니다.

"모두 찾아내셨나요?"

네. 찾아본 결과, 정확히 13개였습니다. 바로 다음과 같은 모양의 도형입니다.

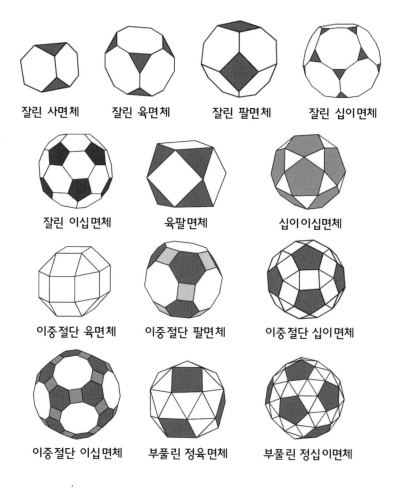

잘린 사면체　　　잘린 육면체　　　잘린 팔면체　　　잘린 십이면체

잘린 이십면체　　　육팔면체　　　십이이십면체

이중절단 육면체　　　이중절단 팔면체　　　이중절단 십이면체

이중절단 이십면체　　　부풀린 정육면체　　　부풀린 정십이면체

　아르키메데스는 준정다면체의 그림을 칠판에 모두 붙였습니다. 13개의 그림을 모두 붙이자 미라가 질문했습니다.

"이런 준정다면체를 부르는 다른 이름도 있나요?"

아르키메데스가 들려주는 다면체 이야기

네, 후세 사람들이 '정다면체'는 플라톤의 다면체라 부르고, '준정다면체'는 내 이름을 따서 아르키메데스의 다면체라고 부릅니다.

앞의 그림을 보고 찾아봅시다. 3가지 종류의 정다각형으로 이루어져 있으며, 모든 꼭지점에서 정오각형, 정사각형, 정삼각형,

정사각형의 순서로 4개의 정다각형이 모여 있는 준정다면체는 무엇입니까?

그림을 살펴보던 학생들이 답을 찾아냈습니다. 그리고 큰 소리로 외쳤습니다.

"이중절단 십이면체입니다."
맞았습니다. 그런데 이중절단이라니, 궁금하죠? 다른 도형들의 이름에는 '잘린' 이란 이름이 붙어 있습니다. 이것은 준정다면체의 대부분이 정다면체를 잘라서 만들어지기 때문입니다.

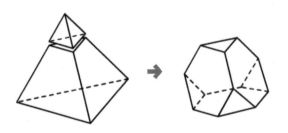

정사면체 모서리의 삼등분 점을 연결하여 자릅니다. 4개의 꼭지점에서 모두 자르면 잘린 사면체가 만들어지는데, 이것은 정삼각형과 정육각형으로 이루어집니다. 정삼각형은 잘린 단면이고,

아르키메데스가 들려주는 다면체 이야기

정육각형은 삼각형을 꼭지점마다 잘랐기 때문에 만들어집니다.

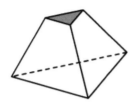 

잘린 단면　　　　　삼각형마다 3번씩 잘린다.

정육면체를 꼭지점마다 자를 때, 남은
면이 정팔각형이 되도록 잘라 주면 잘린
정육면체가 만들어집니다.

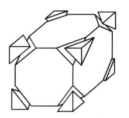

정육면체를 자를 때, 모서리의 중점을 지나는 평면으로 자르면
육팔면체가 만들어집니다.

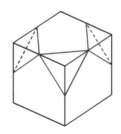 

세 꼭지점에서 자른 모양　　　8개의 꼭지점에서 모두
　　　　　　　　　　　　　　　잘라 주면 육팔면체가 된다.

정육면체를 육팔면체 모양으로 자른 다음 한 번 더 잘라 주면 이중절단 육팔면체가 나옵니다.

정이십면체를 꼭지점마다 한 번씩 잘라서 만든 준정다면체에는 2가지 모양이 있습니다.

정이십면체를 자를 때 정삼각형의 삼등분 점을 지나는 평면으로 자르면 잘린 이십면체가 만들어지고, 정삼각형의 중점을 지나는 평면으로 자르면 십이이십면체가 만들어집니다.

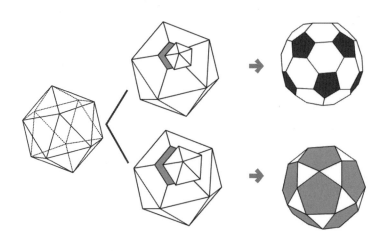

정다면체를 잘라서 새롭게 만들어지는 도형들을 신기하게 쳐다보던 철오가 질문했습니다.

아르키메데스가 들려주는 다면체 이야기

"선생님, 부풀린 정육면체나 부풀린 정십이면체는 잘라서 만들어지는 모양이 아닌 것 같아요."

잘 보았습니다. 부풀린 정육면체는 정육면체의 면을 뜯어서 분리한 다음 비틀어 주고 사이사이를 삼각형으로 채워 놓은 모양입니다. 그래서 부풀린 모양이라고 부릅니다.

준정다면체에서 각기둥과 엇각기둥으로 된 것은, 준정다면체의 조건은 만족하지만 어느 방향에서나 대칭이 되는 모양이 아니기 때문에 제외했습니다.

"선생님, 조금 다른 질문인데요. 준정다면체와 축구공에 대해 궁금한 점이 있습니다. 요즘은 축구공으로 잘린 이십면체를 사용하고 있는데요. 어차피 여기에 바람을 넣어서 둥근 공 모양으로 만드는 것이니까 잘린 십이면체나 십이이십면체에 바람을 넣

어 주어도 둥근 공 모양이 충분히 될 텐데, 왜 이런 도형을 축구
공에 사용하지 않는 걸까요?"

잘린 이십면체　　　　잘린 십이면체　　　　십이이십면체

　좋은 질문입니다. 잘린 이십면체는 구가 아니라 울퉁불퉁한 다
면체입니다. 바람을 넣어서 부풀리면 구가 되는 모양이지요. 질문
한 것처럼 잘린 십이면체나 십이이십면체도 구에 가까운 모양이
기 때문에 충분히 축구공이 될 수 있습니다. 그런데 모양이 아니
라 기능을 따져 본다면 잘린 이십면체의 장점을 알 수 있습니다.
　축구공은 정다각형 모양의 가죽을 연결한 것입니다. 정오각형
이나 정육각형 모양의 가죽 중심을 찰 때와 서로 잇는 부분을 찰
때를 비교하면 축구공이 날아가는 데 차이가 생기게 됩니다.
　잘린 이십면체의 경우에는 정오각형과 정육각형의 넓이가 비
슷한 편이지만, 잘린 십이면체의 경우 정십각형은 매우 넓은 데
비해 정삼각형은 상대적으로 작습니다. 당연히 어떤 도형을 차

는가에 따라 차이가 생기게 되지요.

십이이십면체도 마찬가지입니다. 따라서 잘린 십이면체를 이용해 축구공을 만들면 공의 어느 곳을 차느냐에 따라 공의 진행 방향이 달라집니다. 당연히 공을 차는 사람의 의도와 차이가 나게 되지요.

이제 궁금증이 조금 풀렸나요? 그럼, 이번 수업은 여기서 마치고 다음 수업 시간에 또 만나기로 해요.

아르키메데스의 다면체

– 다음의 조건을 만족하는 도형을 말합니다.

① 1가지가 아니라 2가지 혹은 3가지 이상의 정다각형을 이용
한다.

② 모든 꼭지점에 같은 개수의 도형이 같은 방식으로 모여 있어
야 한다.

– 모두 13가지가 있으며, 정다면체의 꼭지점에서 똑같이 잘라 주
거나 부풀린 후 정삼각형을 채워 주는 방법으로 만들 수 있습니
다.

– 모두 구 모양을 하고 있으며, 그중 정이십면체를 잘라 만든 도
형은 축구공을 만드는 데 사용되고 있습니다.

정다각형으로 만드는 도형

정다각형을 이어 붙여 각뿔, 각기둥, 엇각기둥 등
새로운 도형이 만들어지는 과정을 이해합니다.

여덟 번째 학습 목표

1. 정다각형을 이어 붙여서 각뿔, 각기둥, 엇각기둥을 만들고, 이를 연결하여 새로운 도형이 만들어지는 과정을 이해합니다.

2. 정삼각형만 이어 붙여서 다양한 모양의 다면체를 만들어 봅니다.

미리 알면 좋아요

델타다면체 정삼각형만을 이어 붙여서 만든 도형을 델타다면체라고 합니다. 볼록하게 튀어나온 모양을 가지는 것으로는 정사면체, 정팔면체, 정이십면체와 같은 정다면체를 포함하여 여러 가지가 있습니다.

이번 시간에는 정삼각형이나 정사각형, 정오각형 등 정다각형을 붙여서 만들 수 있는 여러 가지 모양의 도형에 대해 공부해 보겠습니다. 입체도형을 제대로 알기 위해서는 많이 만들어 보아야 합니다. 입체도형을 만들기 위해서는 무엇을 해야 하나요?

수선이가 자신 있게 대답했습니다.

"전개도를 그려야 합니다."

하하하, 그럴까요? 꼭 전개도가 있어야 입체도형을 만들 수 있을까요? 그렇지 않습니다. 전개도를 그려야 한다는 생각은 여러분들로 하여금 입체도형의 세계로 빠져들지 못하게 하는 벽이될 수도 있습니다.

입체도형을 만들기 위해 준비해야 할 것은 두꺼운 종이입니다. 여러분들이 좋아하는 과자 상자도 아주 좋은 재료입니다. 두꺼운 종이를 잘라 다음과 같은 정삼각형, 정사각형, 정오각형을 만드는 것만으로도 입체도형을 만들기에 충분합니다.

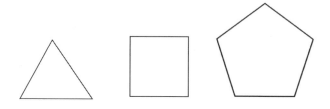

물론 변의 길이는 정삼각형이나 정사각형, 정오각형이 모두 같아야 하지요. 여기에 셀로판테이프와 가위를 준비합니다. 그러나 무엇보다 중요한 것은 입체도형의 세계로 떠날 여러분들의 마음가짐입니다.

아르키메데스가 들려주는 다면체 이야기

그럼, 먼저 정삼각형만으로 입체도형을 만들어 보겠습니다.
정사면체, 정팔면체, 정이십면체 말고도 여러 가지를 만들 수
있습니다. 여러분들 대부분이 알고 있는 내용에서부터 시작하
겠습니다. 정삼각형을 6장 이어 붙이면 정육각형이 만들 수 있
습니다.

그렇다면 정삼각형을 붙여서 정오각형을 만드는 것은 가능할
까요?

아르키메데스의 질문이 떨어지기가 무섭게 철오가 자신 있는 목소리로 대답했습니다.

"불가능합니다. 정오각형을 나누면 꼭지각이 72° 인 이등변삼각형이 되기 때문입니다."

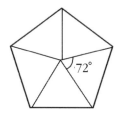

그렇습니다. 평면에서는 정삼각형을 이어 붙여 정오각형을 만드는 것이 불가능합니다. 그렇지만 우리의 생각을 평면에서 공간으로 확장한다면 가능합니다. 바로 이런 모양이지요.

아르키메데스는 정삼각형 5장을 이어 붙여 만든 정오각뿔을 교탁 위에 올려놓았습니다.

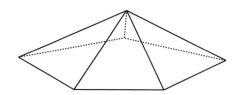

아르키메데스가 들려주는 다면체 이야기

정오각뿔의 밑면은 정오각형입니다. 자, 그럼 정삼각형으로 정사각형을 만들 수 있겠습니까?

아르키메데스의 질문에 여기저기서 학생들의 대답이 쏟아져 나왔습니다.

"가능합니다."
"뿔을 만들어 주면 돼요."
"정삼각형을 이어 붙여 사각뿔을 만들어 주면 바닥은 정사각형이 됩니다."

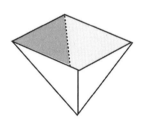

좋습니다. 입체도형을 만드는 첫걸음을 떼었으니 조금 더 달려 보겠습니다.

그림을 보세요. 정삼각형을 붙여서 만들 수 있는 도형입니다.

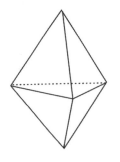
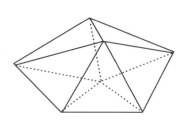

<table>
</table>

정삼각뿔 2개를
면에 맞게 붙인 도형

정오각뿔 2개를
면에 맞게 붙인 도형

"와, 각뿔을 포개어 붙여서 만든 것이네요."

다음 그림도 보세요. 이 그림은 정이십면체가 만들어지는 과정

을 나타낸 것입니다.

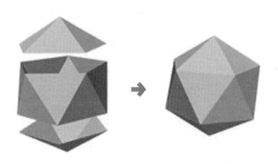

이 모양과 비슷하게 만들 수 있는 방법이 또 있습니다.

아르키메데스가 들려주는 다면체 이야기

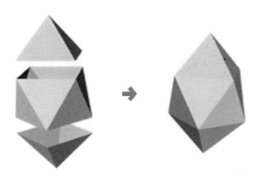

이 도형이 만들어지는 방법에 대해 설명해 볼 사람 있나요? 이 도형은 몇 면체가 되는지도 함께 설명해 보세요.

철오가 손을 들고 차분히 설명했습니다.

"사각엇각기둥에 사각뿔을 아래위로 하나씩 붙인 도형입니다. 정삼각형 8개를 이어 붙이면 사각엇각기둥이 나오고, 정사각뿔을 만드는 데에는 4개의 정삼각형이 필요하기 때문에 4 + 8 + 4 = 16면체가 됩니다."

잘 설명해 주었습니다. 정사각뿔을 이어 붙이면 또 다른 입체 도형을 만들 수 있습니다.

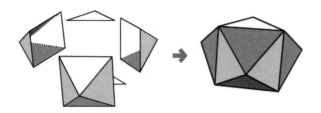

정사각뿔 3개를 옆에 붙이고, 위에 삼각형 1개, 아래 삼각형 1개를 덮어 주면 또 다른 모양의 입체도형이 만들어집니다.

정오각뿔 2개를 붙일 때, 다음과 같이 붙일 수도 있습니다. 정오각뿔을 살짝 누른 상태로 아래쪽 모서리를 포개면 위쪽이 살짝 벌어집니다. 이곳을 정삼각형 2개로 덮어 준 그림입니다.

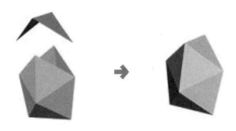

"선생님, 직접 만들어 보고 싶어요."

"저도요."

그렇지요? 만들어 보고 싶지요? 정삼각형 조각들만 있어도 다양한 모양의 입체도형을 만들 수 있습니다. 시간이 나면 꼭 만들어 보십시오. 만약 정삼각형에 정사각형, 정오각형을 함께 이어

아르키메데스가 들려주는 다면체 이야기

붙이면 더욱 멋진 모양의 다면체를 만들 수 있을 것입니다.

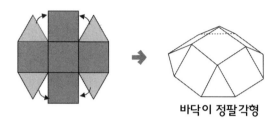

바닥이 정팔각형

그림과 같이 5개의 정사각형과 4개의 정삼각형을 붙여서 전개도를 만든 뒤, 화살표 방향으로 연결해 주면 바닥이 정팔각형이 되는 도형이 만들어집니다.

정오각형 주위로 정사각형을 붙이고, 그 사이사이에 정삼각형을 붙여 주면 바닥이 정십각형인 입체도형도 만들 수 있습니다.

바닥이 정십각형

아르키메데스의 설명을 경청하던 미라가 질문했습니다.

"여러 가지 종류의 정다각형을 이어 붙이면 항상 입체도형이 만들어지나요?"

그렇지 않습니다. 입체도형이란 어떤 공간을 둘러싸야 하기 때문에 벌어진 공간 없이 모두 둘러쌀 수 있는지 잘 생각해서 만들어야 합니다.

아주 특별한 경우로, 다음 그림과 같이 정육각형 주위로 정사각형을 붙이고 정삼각형을 이어 붙이면 정십이각형이 됩니다. 입체도형이 아니라 평면도형이지요.

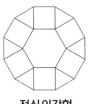

정십이각형

이제, 정삼각형과 정사각형으로 기둥을 만들어 보겠습니다. 지난 수업에서 우리는 엇각기둥에 대해 살펴보았습니다. 정사각형 5개를 나란히 이어 붙이면 오각기둥을 만들 수 있고, 정삼각형 10개를 위아래가 엇갈리게 이어 붙이면 오각엇각기둥을 만들 수 있습니다.

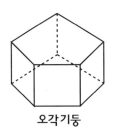

오각기둥

오각엇각기둥

아르키메데스가 들려주는 다면체 이야기

오각기둥은 윗면과 아랫면의 정오각형이 나란히 있지만, 오각엇각기둥의 경우에는 정오각형의 방향이 다릅니다.

오각기둥이나 오각엇각기둥에 정오각뿔을 얹어 놓으면 또 다른 입체도형이 만들어집니다.

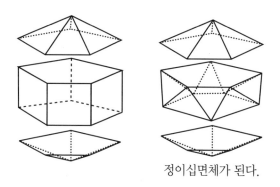

정이십면체가 된다.

특히 오각엇각기둥에 정오각뿔을 아래위로 붙이면 정이십면체가 되지요. 그렇다면 지난 수업에서 다루었던 준정다면체 중 하나인 이중절단 육면체의 경우는 어떻게 만들어진 것으로 분석할 수 있을까요?

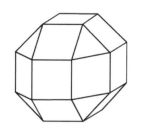

미라가 손을 번쩍 들고 대답했습니다.

"조금 전에 정삼각형과 정사각형으로 만들었던, 바닥이 정팔각형이 되는 도형을 팔각기둥의 아래위에 하나씩 붙여서 만들었습니다."

맞았습니다. 그림으로 나타내면 다음과 같습니다.

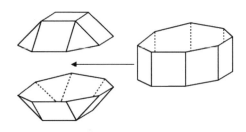

여기에서 팔각기둥을 빼고 대신 팔각엇각기둥을 넣어 주어도 됩니다.

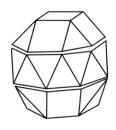

이 도형은 준정다면체일까요?

아르키메데스가 들려주는 다면체 이야기

"아니오. 지난 수업에서 준정다면체는 13개밖에 없다고 했는데, 그 그림 중에 저 도형은 없었어요."

하하하, 눈치가 아주 빠르군요. 그렇습니다. 이 도형은 준정다면체가 아닙니다. 이 도형은 어떤 꼭지점에는 정사각형 3개와 정삼각형 1개가 모여 있고, 또 다른 꼭지점에는 정사각형 1개와 정삼각형 4개가 모여 있습니다. 이런 이유로 이 도형은 준정다면체가 될 수 없습니다.

이 외에도 여러 가지 방법으로 입체도형을 만들 수 있습니다. 가령 육각기둥을 만든 다음 기둥 옆에 정사각뿔을 붙이는 방법도 있습니다.

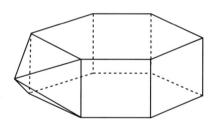

정삼각형, 정사각형, 정오각형만으로도 여러 가지 모양의 입체도형을 만들 수 있습니다. 만들 수 있는 모양들을 생각해 보고 두꺼운 도화지를 잘라 직접 만들어 보십시오. 만들어 본 만큼 입체도형에 대한 여러분들의 안목도 넓어질 것입니다.

여덟번째
수업 정리

❶ 정다각형을 이어 붙이면 다양한 모양의 도형을 만들 수 있습니다. 정삼각형만 이어 붙이면 그 개수에 따라 바닥 면이 정삼각형, 정사각형, 정오각형이 되고, 정사각형이나 정오각형과 함께 이어 붙이면 바닥 면이 정팔각형이나 정십각형이 되도록 만들 수 있습니다.

❷ 정삼각형만 이어 붙여서 다양한 모양의 입체도형을 만들 수 있습니다. 여기에는 정다면체도 포함됩니다.

❸ 정사각형을 이어 붙이면 각기둥 모양이 되고, 정삼각형을 이어 붙이면 엇각기둥이 만들어집니다. 여기에 정다각형이나 정다각뿔로 덮어 주면 준정다면체 등을 만들 수 있습니다.

입체도형의
오일러 공식

오일러 공식을 이해하고, 이를 활용하여 정다면체가
5개밖에 없음을 증명해 봅니다.

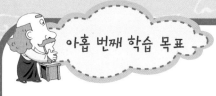

1. 입체도형의 꼭지점, 면, 모서리의 개수에 대한 관계식인 오일러 공식을 활용해 봅니다.

2. 오일러 공식을 활용하여 정다면체가 5개밖에 없음을 증명해 봅니다.

미리 알면 좋아요

오일러 공식 연결된 하나의 입체도형에서 꼭지점의 개수를 V, 모서리의 개수를 E, 면의 개수를 F라 할 때, 다음의 식이 성립합니다.

$$V - E + F = 2$$

여러분, 오일러라는 수학자에 대해 들어 보았습니까?

학생들은 모두 들어 보았다고 크게 외쳤습니다.

오일러는 1800년대에 살았던 수학자 중 단연 돋보이는 수학자
입니다. 그 사람의 이름이 붙은 공식을 여러분들이 한 번쯤은 들

어볼 수밖에 없는 이유는, 오일러라는 이름이 붙은 공식이 한두 개가 아니기 때문입니다.

입체도형에 관한 마지막 수업인 오늘 강의는 입체도형에 관한 오일러 공식에서 시작하려고 합니다.

구와 연결 상태가 같은 입체도형에서 오일러 공식

구와 연결 상태가 같은 입체도형에 대해

  V : 꼭지점의 개수,   E : 모서리의 개수,   F : 면의 개수

라고 하면 다음과 같은 관계식이 성립한다.

$$V - E + F = 2$$

"선생님, 구와 연결 상태가 같은 것은 어떤 도형을 의미하나요?"

간단히 말해 구멍이 뚫리지 않은 입체도형을 생각하면 됩니다.

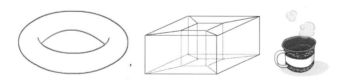

위와 같은 도형들은 도형을 부풀리거나 다듬어서 구와 같은 도형이 될 수 없습니다. 바로 구멍이 있기 때문이지요.

아르키메데스가 들려주는 다면체 이야기

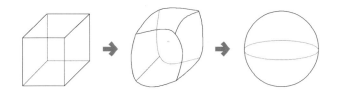

직육면체와 같은 도형은 그 안에 공기를 넣어 부풀리면 구가 될 수 있습니다.

이와 같이 표면을 부풀리면 구와 같은 모양이 될 수 있는 도형을 구와 연결 상태가 같은 도형이라고 부릅니다.

"아, 커피 잔도 입체도형이군요."

물론입니다. 일반적으로 다면체에서는 모서리의 개수가 점의 개수나 면의 개수에 비해 많습니다. 오일러 공식에 따르면 점과 면의 개수를 더한 것보다 2개가 적다는 것을 의미하지요.

"선생님, 입체도형을 탐구하는 데 오일러 공식을 꼭 기억해야 하나요?"

수학에서 꼭 기억해야만 하는 공식은 없습니다. 그 공식이 의미하는 바를 올바르게 이해하고 공식의 결과를 이끌어 낼 수 있는 사고력만 있다면 충분합니다.

그럼 오일러 공식이 의미하는 바를 알아볼까요? 다음의 도형을 보십시오. 정이십면체입니다.

정이십면체에 대해서 V꼭지점, E모서리, F면의 값개수을 구해 보겠습니다.

"선생님, 정이십면체이니까 면의 개수인 F = 20입니다."

좋습니다. 이제 E와 V의 값이 남았군요. 어느 것이 더 구하기 쉬울까요?

"꼭지점의 개수를 구하는 것이 더 쉽습니다. 정이십면체는 오각뿔이 위와 아래로 붙어 있는 모양이고, 오각뿔의 꼭지점만 세면 되니까 꼭지점의 개수 V = 12입니다."

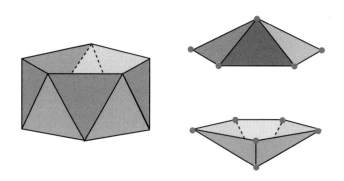

아르키메데스가 들려주는 다면체 이야기

네, 그렇습니다. 이제 다면체에 아주 많이 익숙해졌군요. V는 12가 됩니다. 이제 E의 값을 구하는 것만 남았군요. 그런데 모서리의 개수 E는 구할 필요가 없습니다. 바로 오일러 공식이 있기 때문입니다.

$$V - E + F = 2$$
$$\Rightarrow 12 - E + 20 = 2$$
$$\Rightarrow E = 30$$

다면체가 있을 때 꼭지점V, 모서리E, 면F, 3가지 중에서 어느 2가지는 세기가 쉽습니다. 그리고 남은 1가지는 바로 오일러 공식으로 구하면 되는 것이지요.

"그러고 보니 오일러 공식은 매우 편리한 공식이네요."

그렇지요? 오일러 공식을 이용하면 정다면체가 5가지뿐이라는 것도 편리하게 증명할 수 있습니다.

먼저 정삼각형으로만 정다면체를 만든다면 몇 면체가 만들어지는지 구해 보겠습니다.

삼각형의 개수를 F라 할 때, 삼각형마다 변이 3개씩 있기 때문

아르키메데스가 들려주는 다면체 이야기

에 모서리의 개수를 3×F로 하겠습니다.

"선생님, 그럼 어떤 모서리는 2번씩 센 것이 아닌가요?"

맞습니다. 제대로 보았습니다. 모든 모서리는 2개의 삼각형이 맞닿아 있는 곳입니다.

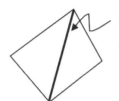

이 모서리는 왼쪽 삼각형에서도 세고, 오른쪽 삼각형에서도 셉니다.

그러니까 3×F는 모든 모서리들을 2번씩 센 값이 된답니다. 그러므로 다음과 같은 관계가 성립합니다.

$$3 \times F = 2 \times E \quad \cdots\cdots\cdots\cdots\cdots ㉠$$

이번에는 꼭지점의 개수를 세어 보겠습니다. 삼각형에는 3개의 꼭지점이 있습니다. 그래서 3 × F로 해 보겠습니다. 3 × F는 꼭지점의 개수인가요?

"아니오. 어떤 꼭지점은 여러 개의 면에서 셉니다."

그렇습니다. 한 꼭지점에 정삼각형은 3개, 4개, 5개까지 모일 수 있습니다.

  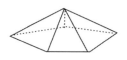

| 정삼각형 3개가 모인 꼭지점 | 정삼각형 4개가 모인 꼭지점 | 정삼각형 5개가 모인 꼭지점 |

이때 각각의 꼭지점은 여러 번 세게 됩니다.

모든 꼭지점에 3개의 면이 모여 있게 되면 하나의 꼭지점을 3번씩 세게 됩니다. 그러므로 $3 \times F = 3 \times V$입니다.

모든 꼭지점에 4개의 면이 모여 있게 되면 어떻게 되지요?

"꼭지점들을 4번씩 세니까 $3 \times F = 4 \times V$가 됩니다."

그럼 모든 꼭지점에 5개의 면이 모여 있게 되면 어떻게 되나요?

"꼭지점을 5번씩 세게 됩니다. 그러므로 $3 \times F = 5 \times V$가 됩니다."

좋습니다. 이제 오일러 공식을 사용하기 위해 V와 E를 F로 나타내 보겠습니다.

아르키메데스는 칠판에 표를 그리며 알기 쉽게 정리하여 설명했습니다.

꼭지점마다 정삼각형이		
3개가 모이면	4개가 모이면	5개가 모이면
$3 \times F = 3 \times V$ $\downarrow$ $V = F$	$3 \times F = 4 \times V$ $\downarrow$ $V = \dfrac{3}{4}F$	$3 \times F = 5 \times V$ $\downarrow$ $V = \dfrac{3}{5}F$

마지막으로 ㉠에서 $E = \dfrac{3}{2}F$를 얻게 됩니다. 이제 오일러 공식에 적용해 봅시다.

꼭지점마다 정삼각형이	
3개가 모이면	$V - E + F = F - \dfrac{3}{2}F + F = \dfrac{1}{2}F = 2$에서 $F = 4$정사면체.
4개가 모이면	$V - E + F = \dfrac{3}{4}F - \dfrac{3}{2}F + F = \dfrac{1}{4}F = 2$에서 $F = 8$정팔면체
5개가 모이면	$V - E + F = \dfrac{3}{5}F - \dfrac{3}{2}F + F = \dfrac{1}{10}F = 2$에서 $F = 20$정이십면체

같은 방법을 이용하여 정사각형으로 정다면체를 만들 때에는 각 면이 4개의 모서리를 갖고 있으며, 꼭지점마다 3개씩의 정사각형이 모여야 한다는 사실을 이용하면 정육면체 1가지가 나옵니다. 정오각형의 경우에는 정십이각형 1가지가 나오지요.

학생들이 얼굴을 찡그리며 동시에 외쳤습니다.

"너무 어려워요."

어렵죠? 오일러 공식을 적용하는 방법을 다시 한 번 잘 읽어 보기 바랍니다. 아주 활용 가치가 높은 공식이니까요.

가령 한 꼭지점에 정육각형 3개가 모이면 평면이 되어 입체도형을 만들 수 없습니다. 그렇다면 정육각형이라는 조건을 빼겠습니다. 각 면이 육각형들로만 이루어진 입체도형을 만들려고 합니다. 가능할까요?

"육각형들의 모양이 달라도 되나요?"

네, 물론입니다. 크기와 모양은 달라도 됩니다.

"그럼, 만들 수 있을 것 같은데요."

그럴까요? 과연 육각형으로 입체도형을 만들 수 있는지 오일러 공식을 통해 알아보겠습니다. 모든 면이 육각형들로 이루어졌기 때문에 다음과 같이 나타낼 수 있습니다.

$$6 \times F = \text{육각형의 모서리 6개씩 더한 값}$$

모서리들은 2개의 면이 맞닿아 있기 때문에 모서리를 2번씩

아르키메데스가 들려주는 다면체 이야기

센 값이 됩니다. 그래서 다음과 같이 나오지요.

$$6 \times F = 2 \times E \quad \cdots\cdots\cdots\cdots\cdots\cdots ⓛ$$

꼭지점의 경우에는 다소 복잡합니다. 각 꼭지점에는 3개씩의 면이 모여 있을 수도 있고, 4개씩의 면이 모여 있을 수도 있습니다.

V_3 : 3개의 면이 모인 꼭지점의 개수

V_4 : 4개의 면이 모인 꼭지점의 개수

$$\vdots$$

V_n : n개의 면이 모인 꼭지점의 개수

육각형마다 6개씩의 꼭지점이 있기 때문에 $6 \times F$라는 값은 꼭지점의 개수보다 큰 값이 됩니다. 3개의 면이 모인 꼭지점은 3번 센 값이고, 4개의 면이 모인 꼭지점은 4번 센 값이 됩니다.

$$6 \times F = 3 \times V_3 + 4 \times V_4 + \cdots + n \times V_n$$
$$\geq 3 \times (V_3 + V_4 + \cdots + V_n)$$
$$= 3 \times V$$

이것으로부터 다음을 알 수 있습니다.

$$6 \times F \geq 3 \times V \quad \cdots\cdots\cdots\cdots \text{ⓒ}$$

두 식 ⓛ, ⓒ으로부터 다음의 식을 얻을 수 있습니다.

$$E = 3 \times F, \quad V \leq 2F$$

이 두 식을 오일러 공식에 대입하면 다음과 같습니다.

$$V - E + F \leq 2F - 3F + F = 0$$

이때 $V - E + F = 2$가 되어야 하는데 0보다 작거나 같게 나와 성립되지 않습니다.

"그래서 각 면이 육각형으로만 이루어진 다면체는 존재하지 않는다는 결론이 나오는군요?"

그렇습니다. 오일러 공식이 이해하기 어렵고 까다롭기는 해도 잘만 활용한다면 입체도형을 분석할 수 있는 아주 좋은 도구가 된답니다.

아르키메데스가 들려주는 다면체 이야기

❶ 입체도형에서 꼭지점의 개수, 모서리의 개수, 면의 개수 중에서 구하기 쉬운 2가지를 구하면 나머지 1가지는 오일러 공식을 사용하여 쉽게 구할 수 있습니다. 예를 들어, 꼭지점과 면의 개수를 안다면 오일러 공식을 이용하여 모서리의 개수를 구할 수 있습니다.

❷ 입체도형에 오일러 공식을 이용하면 정다면체가 5가지밖에 없는 이유를 설명할 수 있습니다.